The Art of
Chinese
Silks

QING
DYNASTY

中国历代丝绸艺术

清代

赵 丰 ◎ 总主编

苏 淼 ◎ 著

国家出版基金项目
NATIONAL PUBLICATION FOUNDATION

「十三五」国家重点出版物出版规划项目

浙江大学出版社
ZHEJIANG UNIVERSITY PRESS

　　2018 年，我们"中国丝绸文物分析与设计素材再造关键技术研究与应用"的项目团队和浙江大学出版社合作出版了国家出版基金项目成果"中国古代丝绸设计素材图系"（以下简称"图系"），又马上投入了再编一套 10 卷本丛书的准备工作中，即国家出版基金项目和"十三五"国家重点出版物出版规划项目成果"中国历代丝绸艺术丛书"。

　　以前由我经手所著或主编的中国丝绸艺术主题的出版物有三种。最早的是一册《丝绸艺术史》，1992 年由浙江美术学院出版社出版，2005 年增订成为《中国丝绸艺术史》，由文物出版社出版。但这事实上是一本教材，用于丝绸纺织或染织美术类的教学，分门别类，细细道来，用的彩图不多，大多是线描的黑白图，适合学生对照查阅。后来是 2012 年的一部大书《中国丝绸艺术》，由中国的外文出版社和美国的耶鲁大学出版社联合出版，事实上，耶鲁大学出版社出的是英文版，外文出版社出的是中文版。中文版由我和我的老师、美国大都会艺术博物馆亚洲艺术部主任屈志仁先生担任主编，写作由国内外七八位学者合作担纲，书的内容翔实，图文并茂。但问题是实在太重，一般情况下必须平平整整地摊放在书桌上翻阅才行。第三种就是我们和浙江大学出版社合作的"图系"，共有10卷，此外还包括2020年出版的《中国丝绸设计（精选版）》，用了大量古代丝绸文物的复原图，经过我们的研究、拼合、复原、描绘等过程，呈现的是一幅幅可用于当代工艺再设计创作的图案，比较适合查阅。如今，如果我们想再编一套不一样的有关中国丝绸艺术史的出版物，我希望它是一种小手册，类似于日本出版的美术系列，有一个大的统称，却基本可以按时代分成10卷，每一卷都便于写，便于携，便于读。于是我们便有了这一套新形式的"中国历代丝绸艺术丛书"。

当然，这种出版物的基础还是我们的"图系"。首先，"图系"让我们组成了一支队伍，这支队伍中有来自中国丝绸博物馆、东华大学、浙江理工大学、浙江工业大学、安徽工程大学、北京服装学院、浙江纺织服装职业技术学院等的教师，他们大多是我的学生，我们一起学习，一起工作，有着比较相似的学术训练和知识基础。其次，"图系"让我们积累了大量的基础资料，特别是丝绸实物的资料。在"图系"项目中，我们收集了上万件中国古代丝绸文物的信息，但大部分只是把复原绘制的图案用于"图系"，真正的文物被隐藏在了"图系"的背后。再次，在"图系"中，我们虽然已按时代进行了梳理，但因为"图系"的工作目标是对图案进行收集整理和分类，所以我们大多是按图案的品种属性进行分卷的，如锦绣、绒毯、小件绣品、装裱锦绫、暗花，不能很好地反映丝绸艺术的时代特征和演变过程。最后，我们决定，在这一套"中国历代丝绸艺术丛书"中，我们就以时代为界线，将丛书分为 10 卷，几乎每卷都有相对明确的年代，如汉魏、隋唐、宋代、辽金、元代、明代、清代。为更好地反映中国明清时期的丝绸艺术风格，另有宫廷刺绣和民间刺绣两卷，此外还有同样承载了关于古代服饰或丝绸艺术丰富信息的图像一卷。

从内容上看，"中国历代丝绸艺术丛书"显得更为系统一些。我们勾画了中国各时期各种类丝绸艺术的发展框架，叙述了丝绸图案的艺术风格及其背后的文化内涵。我们梳理和剖析了中国丝绸文物绚丽多彩的悠久历史、深沉的文化与寓意，这些丝绸文物反映了中国古代社会的思想观念、宗教信仰、生活习俗和审美情趣，充分体现了古人的聪明才智。在表达形式上，这套丛书的文字叙述分析更为丰富细致，更为通俗易读，兼具学术性与普及性。每卷还精选了约 200 幅图片，以文物图为主，兼收纹样复原图，使此丛书与"图系"的区别更为明确一些。我们也特别加上了包含纹样信息的文物名称和出土信息等的图片注释，并在每卷书正文之后尽可能提供了图片来源，便于读者索引。此外，丛书策划伊始就确定以中文版、英文版两种形式出版，让丝绸成为中国文化和海外文化相互传递和交融的媒介。在装帧风格上，有别于"图系"那样的大开本，这套丛书以轻巧的小开本形式呈现。一卷在手，并不很大，方便携带和阅读，希望能为读者朋友带来新的阅读体验。

我们团队和浙江大学出版社的合作颇早颇多，这里我要感谢浙江大学出版社前任社长鲁东明教授。东明是计算机专家，却一直与文化遗产结缘，特别致力于丝绸之路石窟寺观壁画和丝绸文物的数字化保护。我们双方从 2016 年起就开始合作建设国家文化产业发展专项资金重大项目"中国丝绸艺术数字资源库及服务平台",希望能在系统完整地调查国内外馆藏中国丝绸文物的基础上,抢救性高保真数字化采集丝绸文物数据,以保护其蕴含的珍贵历史、文化、艺术与科技价值信息,结合丝绸文物及相关文献资料进行数字化整理研究。目前,该平台项目已初步结项,平台的内容也越来越丰富,不仅有前面提到的"图系",还有关于丝绸的博物馆展览图录、学术研究、文献史料等累累硕果,而"中国历代丝绸艺术丛书"可以说是该平台项目的一种转化形式。

中国丝绸的丰富遗产不计其数,特别是散藏在世界各地的中国丝绸,有许多尚未得到较完整的统计和保护。所以,我们团队和浙江大学出版社仍在继续合作"中国丝绸海外藏"项目,我们也在继续谋划"中国丝绸大系",正在实施国家重点研发计划项目"世界丝绸互动地图关键技术研发和示范",此丛书也是该项目的成果之一。我相信,丰富精美的丝绸是中国发明、人类共同贡献的宝贵文化遗产,不仅在讲好中国故事,更会在讲好丝路故事中展示其独特的风采,发挥其独特的作用。我也期待,"中国历代丝绸艺术丛书"能进一步梳理中国丝绸文化的内涵,继承和发扬传统文化精神,提升当代设计作品的文化创意,为从事艺术史研究、纺织品设计和艺术创作的同仁与读者提供参考资料,推动优秀传统文化的传承弘扬和振兴活化。

中国丝绸博物馆 赵 丰

2020 年 12 月 7 日

繁花瑞锦——清代的丝绸艺术

　　清朝是中国历史上最后一个封建王朝，从 1636 年皇太极改后金（1616 年努尔哈赤建立后金）国号为清起，至 1912 年清帝退位，国祚 276 年。1644 年，清军入关，同年 10 月顺治帝在北京紫禁城举行登基大典，标志着清朝建立起了全国性政权。经历了明末清初改朝换代的大规模战争后，全国社会经济一片萧条，民生凋敝。战乱使农工商各行业受到巨大破坏，蚕桑丝织业几乎停滞。

　　清政府为了巩固统治，在顺治朝即开始鼓励植桑养蚕，将农桑作为立国之本。从康熙朝起，因清廷的鼓励政策，丝绸生产得到较快发展。清代丝织业在地域上进一步向环太湖地区和珠江三角洲集中，特别是江南地区蚕桑丝织业在规模和水平上均为全国翘楚，江南地区也成为全国丝绸业的中心。清代官营织造体系的总体规模比明代有所缩减，除在北京有内织染局，外有江宁织造局、苏州织造局和杭州织造局，合称"江南三织造"，负责供应宫廷和政府需要的丝织品。然而清代的民间丝织业不断扩大，得到迅速的规模化发展，还涌现出一批繁荣的丝绸专业城镇。

清代的蚕桑技术沿袭明代，并有所发展，种桑养蚕相关技术著作较多。缫丝生产以辑里湖丝为代表，缫丝车基本继承元明以来的式样，织机的类别有所增加，其中挑花结本与大花楼提花技术已臻完善[①]，绒织技术也臻成熟。清代丝织品种繁多，按组织结构分有缎类、纱罗类、起绒类、锦类和素织物等，并形成了具有地方特色的品种群，如云锦。丝绸整理方面，以薯莨整理的莨绸较有特色。清代的刺绣、缂丝等工艺也得到了相应发展，四大名绣享誉天下。

清代丝绸图案在纹样题材、装饰造型、布局骨架等形式上继承和吸收了明代纹样的精髓，特别是在清代前期更为明显。清代前期的丝绸艺术风格主要表现为对明代丝绸艺术的继承与发展，以宫廷丝绸为代表，整体风格相对古朴雅致。清代中期写实自然风格的丝绸纹样日趋增多，民间丝绸纹样丰富多彩，不仅有多民族融合的风格，亦有外来纹样的影子。清代后期的丝绸纹样造型愈加写实、繁复，配色更为艳丽，外销绸种类丰富。

有清一代，丝绸品种众多，丝绸纹样瑰丽，艺术特色鲜明，特别是清代中晚期的传世丝绸在国内外遗存尚多，品相极佳，为我们展现出清代近三个世纪丰富的丝绸画卷。

---

① 赵丰.中国丝绸通史.苏州：苏州大学出版社，2005：469.

中　国　历　代　丝　绸　艺　术

目录 CONTENTS

一

清代丝绸的文献记载与主要遗存

中国历代丝绸艺术

　　浩瀚的清代文献中可见不少有关丝绸和丝绸制品的记载。传统的正史、政书、类书、典章、会要、辞书类文献记录了很多丝绸及丝绸制品的名称、使用制度和赏赐情况。而笔记小说、生活琐记、轶事类集、档案、方志类材料，往往是亲历者所见、所闻、所想、所知的记录，其中保存了大量的蚕桑丝织业状况和丝织品使用资料，可以补充正史之不足。此外，清代的农业、手工业论著中关于蚕桑养殖、丝织技艺等的记载，是古代劳动人民在实际生产中总结的经验和教训，从中可以推测出当时当地的丝织品生产状况和特点。

　　除了文山书海中的丝绸记载，当下我们还可见到大量的清代丝绸遗存，包括传世的清代丝绸和出土的清代丝绸，这些丝绸文物给了我们最直观的信息，绚烂多彩的丝绸让古代文献中的晦暗词汇变得风姿绰约。这些清代丝绸文物为我们的实证研究提供了可靠材料。

（一）清代丝绸的相关文献

1. 正史、政书、类书、典章、会要、辞书类文献记载

（1）《清史稿》（赵尔巽等撰）。本书是依据清代国使馆的底本和历朝《实录》《圣训》《东华录》《宣统政纪》等编撰而成的，全书共有529卷，分为本纪、志、表、列传四个部分，记事起自清太祖努尔哈赤至宣统帝。其中卷一百二《志七十七·舆服一》至卷一百五《志八十·舆服四》卤簿附，详细记载了清代的冠服与卤簿制度，可见织物的详细使用要求，如《志七十八·舆服二》有"（皇帝）衮服，色用石青，绣五爪正面金龙四团，两肩前后各一。其章左日、右月，万寿篆文，间以五色云。春、秋棉、袷，东裘、夏纱惟其时"，"（文八品）补服前后绣鹌鹑。朝服色用石青云缎，无蟒。领、袖冬、夏皆青倭缎，中有襞积"。[①] 卷八十二《志五十七·礼一》至卷九十三《志六十八·礼十二》，也记有许多蚕桑丝织品相关资料，如《志五十八·礼二》记"乾隆七年，始敕议亲蚕典礼"[②]，接着记叙了皇后飨先蚕礼的详细要求。

（2）《清会典》。原称《钦定大清会典》或《大清会典》，是官修制度史书。初修于康熙三十三年（1694年），历雍正、乾隆、嘉庆、光绪各朝续修。光绪二十五年(1899年)续修本为会典100卷、事例1220卷、图270卷。其中卷三百二十六《礼部三十七·冠服》

---

① 赵尔巽，等.清史稿（第十一册）.北京：中华书局，1976：3035，3057.
② 赵尔巽，等.清史稿（第十册）.北京：中华书局，1976：2519.

至卷三百二十八《礼部三十九·冠服》详细记录了清代的冠服制度，而且有图卷相佐，可与《清史稿》内容相对照，这一部分是研究清代丝绸织物使用的珍贵资料。如《礼部三十七·冠服》记有"（皇子）朝服之制二，皆金黄色。其一披领及裳皆表以紫貂，袖端熏貂。绣文两肩前后正龙各一，襞积行龙六。间以五色云。其二披领及袖皆石青。冬用片金加海龙缘，夏用片金缘。绣文两肩前后正龙各一，腰帷行龙四，裳行龙八，披领行龙二，袖端正龙各一。中有襞积，下幅八宝平水。朝珠不得用东珠，余所随用"，"顺治九年题准，……（贝勒）补服用四爪团龙文二，及蟒文妆花等缎。坐褥，冬用猞猁狲皮，夏用蓝妆花缎，衬红白氊"[①]。

（3）《满文老档》（额尔德尼、噶盖、库尔缠等撰）。亦称《老满文原档》《无圈点档》，是满文创制后的第一部满文文献，为编年体史书，旧藏 180 册。此书是皇太极时期以满文撰写的官修史书(档册)，记载了天命纪元前九年至天命十一年(1607—1626 年)、天聪元年至六年（1627—1632 年）和崇德元年（1636 年）共 27 年间东北地区的历史、经济、军事、文化等方面的史料。收录有后金与朝鲜、蒙古、明朝等的往来文札，其中包含不少丝绸及丝绸制品信息，包括大量赏赐用丝织品名的记载。如天命六年（1621 年）七月初八记有"诸贝勒穿四爪的蟒的补子，都堂、总兵官、副将穿麒麟的补子，参将、游击狮子的补子，备御、千总穿彪的补子"[②]。天命六年（1621 年）十一月十四日记有"图

---

① 昆冈，等．钦定大清会典事例．清会典馆．清光绪二十五年（1899 年）石印本．
② 辽宁大学历史系．重译《满文老档》·太祖朝第二分册．沈阳：辽宁大学历史系．1979：39.

鲁什巴克什把毛青布十疋、银十两、蟒缎一疋，送给桑噶尔寨台吉的妻"①。

（4）《国朝宫史》（鄂尔泰、张廷玉等编纂）。鄂尔泰、张廷玉等人于乾隆七年（1742年）奉敕编纂，嘉庆十一年（1806年）朱格抄呈进本。汇编乾隆二十六年（1761年）以前的宫闱禁令、宫殿苑囿建置、内廷事务和有关典章制度。共36卷分六门，其中卷九《典礼门之五》为《冠服》，对清代后宫服饰记载详细，后宫服饰多为丝绸制品，如记皇太后服饰有："吉服褂，用石青色，绣八团金龙。下幅五色'八宝平水'，袖端行龙各二。春秋以缎绸，夏以纱，冬以裘，随时所宜。吉服袍，用明黄色，领袖俱石青色，绣金龙九。间以五色云、福寿文。下幅'八宝平水'。领前后正龙各一，左右及交襟处行龙各一。袖如朝袍，左右开裾以袭吉服褂。缎绸纱裘随时所宜。"②另外典礼门中其他章节与丝织品相关的记载也颇多。

（5）《皇朝礼器图式》。也名《钦定皇朝礼器图式》，乾隆二十四年（1759年）允禄等人修撰，共18卷，分六部，是记载典章制度类器物的政书。卷四至卷七为《冠服》，卷十至卷十二为《卤簿》，详述清代各等级服饰形制和卤簿形制，并有绘图相佐（图1、图2、图3），包含许多丝绸使用信息。如卷五《冠服二》中对"乐部乐生袍二"题记"谨按，本朝定制：乐部乐生袍，红缎为之，通织小团葵花，丹陛大乐诸部乐生服之。卤簿舆士，

---

② 辽宁大学历史系.重译《满文老档》·太祖朝（第二分册）.沈阳：辽宁大学历史系.1979：65.

③ 鄂尔泰，张廷玉，等.国朝宫史.北京：北京古籍出版社，1987：154.

▲图1 皇帝冬朝服

▲图2 乐部乐生袍

▲图3 皇帝大驾卤簿天马旗

校尉皆同"①。

（6）《清实录》，全称《大清历朝实录》，为清代历朝的官修编年体史料汇编，共4484卷，主要是选录各时期上谕和奏疏，皇帝的起居、婚丧、祭祀、巡幸等活动亦多载入，已编成的十二朝实录，举凡政治、经济、文化、军事、外交及自然现象等众多方面的内容皆网罗包纳，是清代历史的珍贵记录，特别是雍正以前的实录，因所采用的档案不少都已亡佚，因此具有不可取代的文献史料价值。

（7）《诸物源流》。本书是一册记载有各种商品名称及其特点的手抄本，其中有一节专门描述绸缎类产品②，将清代的丝绸产品进行了分类，缎类、绸类、绫类、绢类、纱类、葛类和茧绸类，并对每个类别的产品名称进行了记录。1880年，法国人E.罗契对苏浙一带丝绸生产进行了实地调研，撰写了一份详细的报告——《罗契报告》，该报告第一部分对晚清苏浙各地的蚕茧品种及产量、机织行业概况、绸缎品种产量、从业人员薪资等内容进行了详细描述，第二部分为晚清各地所产的400个丝绸品种总目录③。

此外，陈元龙编纂的《格致镜原》，全书100卷，专溯古物起源，分30类。其中"身体类"有女性梳妆材料的相关记载，"冠服类"记载男女服饰材料，"布帛类"有服装织物的相关记载。陈梦雷辑录的《古今图书集成》，在雍正时期由蒋廷锡校补，共10000卷。

---

① 允禄，等.皇朝礼器图式.牧东，点校.扬州：广陵书社，2004：221.
② 赵丰.中国丝绸通史.苏州：苏州大学出版社，2005：520.
③ 周德华.E.罗契的江南丝绸之行.丝绸，1986（8）：49-50.

其中《礼仪典》包括冠服冠礼、冠冕、衣服等卷，有很多有关历代服饰用丝绸的记载；《考工典》包括染工、织工、熨斗等部，对丝绸织染有颇多记载；《食货典》包括葛、丝、绒、布、褐、帛、绢、皮革、珠玉等部，均有提到与丝绸相关的材料。《清朝通志》（嵇璜等主修）于乾隆时官修，成书于乾隆五十二年（1787年），共126卷，器物略中记载了丝绸服饰相关典章制度。《清朝通典》（嵇璜、刘墉等修撰），原名《皇朝通典》，成书于乾隆五十二年（1787年），共100卷，所载典章制度自清初至乾隆五十年，其中卷五十四《嘉礼四》为《冠服》。张廷玉等辑录的《子史精华》采用四库全书中名言隽句汇编成册。全书160卷，30类，280子目。《妇女部》之女子容貌、妆饰类，《服饰部》之冠巾、衣裳、带佩、履舄等类，《产业部》之桑蚕丝织类，《珍宝部》之珠玉、金银类，《器物部》之布、帛、丝、绢等类，均对丝绸相关信息有所记载。

2. 笔记小说、生活琐记、轶事类集、档案、方志类材料记载

（1）笔记类。如明末清初的《物理小识》（方以智著），书中含染织服饰相关资料颇多。《啸亭杂录》（昭梿编撰），真实记录了清初至嘉庆时期的政治、军事、文化、典章制度等。其中对明末清初的服饰沿革有记载。《北游录》（谈迁著）记述作者于1653—1656年在北京的见闻和诗文，其中有清代早期纺织服装资料。《听雨丛谈》（福格撰），记录了清代风俗掌故，尤详于八旗的典章制度，并有涉及丝绸纺织的相关条目。《茶余客话》（阮葵生著），成书于乾隆三十六年（1771年），内容有政

治、历史、地理、科学、工艺、文学、艺术等，还记载清初的有关典章制度及清人入关前后的建置等历史资料，包括冠服制度相关资料。清末民初陈作霖的《凤麓小志》，其卷三《志事》中详细记载了南京丝织业的情况，如旧制织户机不逾百，而至乾嘉时全城三万机之盛，乃至加工、漂染、包装、销售、织机构造、机工生活等，均述诸笔墨，特别是有当时南京地区线制大花本提花机的相关史料。如《记机业》中提到缎类织物，说"缎之类有头号、二号、三号、八丝、冒头……其经有万七千头者，玄缎为最上者，天青者次之"①。

（2）小说类。如曹雪芹的《红楼梦》，书中对皇亲贵胄日常生活的描述中透露出了无数的奢华细节，其中不乏对各式各样丝绸面料的描写，涉及大量明末清初丝绸品种。如第六回"那凤姐儿家常戴着秋板貂鼠昭君套，围着攒珠勒子，穿着桃红撒花袄、石青刻丝灰鼠披风、大红洋绉银鼠皮裙"②；第二十六回"穿着银红袄儿，青缎背心，白绫细褶裙"③ 等。精读《红楼梦》并结合史实进行分析推敲，对于研究清代丝织品有相当助益。又有李绿园的《歧路灯》，该小说内容涉及清前中期丝绸服饰形制、用法和风俗礼仪等。

（3）档案类。如《穿戴档》，该书为清代太监记录皇帝每日穿戴之档案，始于清初。其中详细记录了皇帝服饰之名目、穿戴方式、时间和场合，对清代服用丝绸研究来说是难得的第一手

① 陈作霖.凤麓小志.朱明，点校.南京：南京出版社，2008：75.
② 曹雪芹.脂砚斋重评石头记一.北京：人民文学出版社，1975：140.
③ 曹雪芹.脂砚斋重评石头记二.北京：人民文学出版社，1975：590.

资料。《苏州织造局志》（孙佩编）记录了清初苏州织造局恢复生产的情况，内容包括沿革、职员、官署、机张、工料、口粮、段匹、宦绩、人役、祠庙等，是研究清代江南官营织造的基本材料之一。《关于江宁织造曹家档案史料》主要包括曹寅及其他与曹家相关的奏折资料，并附皇帝朱批。江宁织造局是清代三大织造局之一，在曹寅的奏折中经常提到丝绸相关重要资料。此外还有《李煦奏折》，李煦曾任苏州织造，其奏折内容涉及当时社会生活的各个方面，不乏与丝织品相关的信息。

另外，还有一些零散的史料辑册涉及清代丝绸情况，如《清史资料》《明清档案史料丛编》《满族历史档案资料选辑》。还有地方府志、县志中有不少该时期当地丝织技艺、丝织贸易经济情况的记载，如《闽书》《泉州府志》《浙江通志》《苏州府志》《湖州府志》《杭州府志》《澳门纪略》。

3. 农业、手工业相关论著

一些农业、手工业书籍中也有部分反映清代丝织业与丝绸相关信息。

（1）《丝绣笔记》（朱启钤著）。本书是关于古代丝织品的研究著作。全书分两卷，卷上《纪闻》，辑有织作技法、各地纺织产品、丝帛时价、用料数量、官方购买细丝文献、历代丝绣宫匠制度、机构、染色及历代有关丝绣禁令等内容，很是丰富。如卷上十六记"（康熙）二十四年议准江宁苏杭三处织造上用缎纱由驿递运送，官用缎纱布疋用水驿黄快船装送，旧运船只水手雇价俱裁"，卷上二十七记"清太祖在满洲织蟒缎补子。《满洲老档秘录》上编：太祖赏织工。天命八年二月，派七十三人织蟒缎补子。其所织之蟒缎补子，上览毕，嘉奖曰：'织蟒缎补子，于不产之处，乃至宝也。'遂令无妻之人，尽给妻奴衣食，免其各项官差及当兵之役，就近养之。一年织蟒缎若干，多织则多赏，少织则少赏，视其所织而赏之"①。卷下《辨物》，辑有各种名锦、缂丝织物以及古代流传下来的刺绣作品等，如解释历代名锦之云崑锦、列堞锦、杂珠锦、篆文锦、列明锦、如意虎头连璧锦等。还附有日本古染织物之大略等内容。

（2）《蚕桑萃编》（卫杰编）。共15卷，含《稽古》《桑政》《蚕政》《缫政》《纺政》《染政》《织政》《绵谱》《线谱》《花谱》10卷，蚕桑缫织图谱3卷，外记2卷。除对中国古蚕书的介绍和评价外，重点叙述了当时的蚕桑和手工缫丝织染所达到的技术水平并描述了许多丝织品种。如卷七《织政》讲到花机织样，道："凡花机通身度长一丈六尺，隆起花楼，中托衢盘，下垂衢脚，对花楼下掘坑二尺，许以藏衢脚。提花小厮坐立花楼架木上，机末以的杠卷丝，中用叠助木两杖直穿二木约四尺长，其尖插于筘两头。叠助织纱罗者视织罗绢者减轻十余斤方秒。其素罗不起花纹，与软纱绫绢踏成浪梅小花者，视素罗只加桄二扇。一人踏织自成不用提花之人亦不设衢盘与衢脚也。"②在书中提到的绸缎种类有贡缎、平机宁绸、缎机宁绸、洋绉、线绉、纺绸、巴缎、浣花缎、花绫、三纺绸、杂绸等。

（3）《释缯》（任大椿著）。该书以中国历代文献为依据，

---

① 朱启钤.丝绣笔记二卷.阚铎，校.民国铅印本.
② 卫杰.蚕桑萃编.浙江书局.清光绪二十六年（1900年）刻本.

对丝绸的品种、名称进行了考辨，梳理了历代丝绸的发展。书中结合历史文献记载，对各类丝绸的质地、色彩、使用、正名与别名等逐一进行分析，为古代丝织品名物的词典。如曰绫"方言东齐言布帛之细者曰绫，说文东齐谓布帛之细曰绫。案绫凌也，如水凌理则绫以纹得名也。布之细纹亦似绫。唐六典山南道贡阑于布，华阳国志谓阑于文如绫锦，是布与绫皆以多文得通名也"[①]。

其他清代文献还有鄂尔泰等编纂的《授时通考》、杨屾的《豳风广义》、沈秉成的《蚕桑辑要》等书，书中均对蚕桑丝织等相关内容进行了汇编或记录。

（二）清代丝绸的主要遗存

有清代前中期丝织品出土的墓葬不多。雍正朝和硕果亲王允礼墓中出土了八团五蝠捧寿吉服袍、百鸟纹衬衣等丝织品。内蒙古赤峰巴林右旗的雍正朝荣宪公主墓出土了彩蝶袍、浅绿色杂宝博古纹衬衣、珍珠团龙袍服等物。清代前期的传世品主要保存在沈阳故宫博物院、故宫博物院，海外亦有遗存。清代中期及清代后期的传世品较多，国内国外均有较为集中的遗存。

---

① 任大椿.释缯.广东学海堂.清道光九年（1829年）.

1. 国内清代丝绸的收藏

国内清代丝绸的收藏主要集中在各地博物馆和考古研究所。

（1）北京地区。故宫博物院收藏有大量清代传世丝织品，包括丝绸服饰、丝绸装饰品，其中大部分为清代中期及后期的丝绸及丝绸制品，清宫旧藏丝绸华丽贵重，保存状况绝佳，是研究清代丝绸艺术的重要材料。其中清初丝织品不多，有皇太极的黄色暗花八宝祥云缎朝袍及顺治、康熙时期的丝织品等，部分已公开发表。出土的清代丝绸，如近年发掘的北京市石景山区清墓出土了麒麟补服等衣袍、靴帽等纺织品 20 余件[①]。北京地区清代墓葬中出土的丝绸基本收藏在首都博物馆，如首都博物馆收藏有北京白塔寺塔出土的清代乾隆时期丝绸、北京北郊四道口清代墓出土丝绸、北京顺义张镇塔基出土丝绸等。20 世纪 60 年代发掘的北京西郊小西天清代墓葬中的 2 号墓出土有衣服、绸缎和寝具等[②]，但当时出土的丝绸未得到应有的重视，未见详细信息披露。此外，中国国家博物馆也收藏有部分清代丝织品。

（2）东北地区。沈阳故宫博物院保存有清初传世丝织品，多为清代初期服饰和起居用品。其中有皇太极御用黄色团龙纹常服袍，此为除故宫博物院所藏皇太极袍服之外的另一件，至今发现的现存国内的皇太极袍服只此两件。沈阳故宫博物院还存有新中国成立后从故宫博物院调拨至沈阳故宫博物院的清代中晚期的

---

① 韩婧，陈超 . 北京市石景山区—清代墓葬出土纺织品染料与染色方法综合研究 . 文物保护与考古科学，2019, 31（5）：33-47.
② 苏天钧 . 北京西郊小西天清代墓葬发掘简报 . 文物，1963（1）：39-42, 50-58.

丝绸服饰。黑龙江地区发掘有多座清代墓葬，但未有丝绸服饰信息发表。

（3）中原地区。山东曲阜孔府珍藏有不少清代传世丝绸，为孔府传世的清代丝绸服装和起居用品。所用丝绸品种丰富，包括绸、缎、纱、织锦、缂丝等多种丝织面料。此外，山东博物馆也收藏有少量清代丝织品。

（4）江南地区。还有一些清代出土和传世的丝织品文物零星收藏于南京—上海—杭州沿线的各市博物馆中。如苏州博物馆的清代织绣藏品多为刺绣和缂丝，比如清代乾隆时期缂丝《群仙祝寿图》、清沈寿绣《济公图轴》。南京博物院藏有清代康熙时期缂丝《人物花卉册》。上海博物馆藏有清代缂丝《花鸟图》、清代满族平金绣云龙纹朝袍。浙江省博物馆有清代光绪时期宝兰团龙直径纱等。此外，贵州省博物馆、江西省博物馆等地也收藏有少量清代丝织品。

（5）台湾和香港地区。台北故宫博物院藏有清宫旧藏的许多织绣珍品，包括大量刺绣与缂丝织物。在香港地区，出土文物和传世丝织品多为私人收藏，如收藏家贺祈思所藏织物。

2. 国外清代丝绸的收藏

国外收藏的清代丝绸颇丰。主要集中在瑞典、俄罗斯、英国、加拿大、美国等国家的重要博物馆中。国外私人收藏的清代丝绸的数量也很多。

瑞典远东文物博物馆（Museum of Far Eastern Antiquities）、人类学博物馆（National Ethnographic Museum of Sweden）及一些

大教堂中藏有一些清代丝绸或清代丝绸制成的物品。17 世纪时瑞典所得的中国丝绸主要是通过与俄罗斯的交往及贸易所得。最集中的一批中国丝织品藏品则是瑞典军事博物馆（Swedish Army Museum）收藏的军旗用丝绸。瑞典军事博物馆收藏的欧洲军旗，是瑞典、俄罗斯、丹麦、德国、立陶宛等国在 16—18 世纪的数次战役中使用的战旗。其中有 300 多面军旗疑为中国丝织品加工而成，大部分为瑞典军队在 18 世纪初的大北方战争中的战利品①。经笔者系统性研究判断此批丝绸应为明代后期到清代前期的丝织品，大部分为清代前期的丝织品②。

俄罗斯的莫斯科克里姆林宫博物馆（Moscow Kremlin Museums）、国家历史博物馆（State Historical Museum）、艾尔米塔什博物馆（State Hermitage Museum）以及一些教堂中，收藏有不少中国清代的丝绸及丝绸制品。这些丝绸包括当时中俄交往过程中的官方赠品、贸易商品，主要为官方收藏，如清代康熙皇帝赠予沙皇彼得一世的鞍辔、成匹的丝绸锦缎，还有被制作成军旗、服装等物品的丝织品等。经笔者考察，这些丝绸品种丰富，有漳绒、漳缎、织金缎、妆花缎、闪缎、暗花缎、缂丝等，还有精美的刺绣品。

英国维多利亚与艾尔伯特博物馆（Victoria and Albert Museum）藏有许多清代丝绸。其中大部分为清代中期到晚期的丝绸，有服装、室内陈设品、饰品、匹料及衣物残片等。这些丝绸或丝绸制品工艺丰富，有提花、缂丝、刺绣等，丝织品种有宋式锦、绒织

---

① 苏淼，赵丰 . 瑞典馆藏俄国军旗所用中国丝绸的技术与艺术特征研究 . 艺术设计研究，2018（3）：30-35.
② 苏淼 . 彼得大帝军旗所用中国丝织品研究 . 上海：东华大学，2019.

物、暗花缎、暗花绸等，几乎涵盖了清代所有的丝织物种类。1925年由该馆纺织品部的豪厄尔·史密斯（A. D. Howell Smith）主编的 *Brief Guide to the Chinese Woven Fabrics* 一书介绍了馆藏的中国丝织品，包括有部分明代丝织品和大量清代丝织品。

加拿大皇家安大略博物馆（Royal Ontario Museum）的纺织品部收藏有 2000 多件中国丝织品，分服装、织物、饰品几大类，以清代丝织品为主。服装主要是龙袍、女衫、裙子等，其他较多的丝织品为清代官补和丝绒地毯等。位于多伦多的加拿大纺织博物馆（Textile Museum of Canada）中也藏有部分中国丝织品。

美国大都会艺术博物馆（Metropolitan Museum of Art）藏有大量中国清代丝绸服装，还有近 300 件清代袖口镶边、近 200 件清代补子，大多为捐赠所得。据传该博物馆还藏有雍正朝和硕果亲王允礼墓出土的丝织品。此外美国纳尔逊 – 阿特金斯艺术博物馆（Nelson–Atkins Museum of Art）也藏有果亲王墓出土服饰。波士顿美术馆（Museum of Fine Arts, Boston）、费城艺术博物馆（Philadelphia Museum of Art）也藏有不少清代丝织品。

另外，法国吉美博物馆（Musée National des Arts Asiatique-Guimet）、丹麦国家博物馆（National Museum of Denmark）也收藏有部分中国清代的织绣珍品。日本、韩国等亚洲国家的综合或专业性博物馆，以及各国私人藏家亦藏有不少中国清代丝织品。

二

清代丝绸的品种工艺

中 国 历 代 丝 绸 艺 术

经过清初对蚕桑丝织业的大力扶持与发展，清代的丝织生产规模日渐扩大，丝织生产工序更加专业化，丝织技术更为精湛，地区分工愈加明显，丝绸品种日益繁多。从组织结构上看，清代丝绸主要有缎类织物、纱罗织物、绸类织物、起绒织物、织锦等大类，此外缂丝、刺绣技艺也愈加精彩纷呈。

（一）缎类织物

"缎"一字作为织物的品种，最早见于明清文献，如广缎、素缎、妆花缎等。由于缎纹组织的交织点少，有比平纹、斜纹组织更为光滑的外观，更能显现出丝织品的光泽，因而从明代开始就非常流行，成为丝织品的基本组织，当然这也与明代织机装造的改进有关[①]。在清代，缎类织物依然是丝绸的主流品种。从明代到清初，五枚缎织物最为流行，从清代康熙时期开始八枚缎织

---

① 苏淼. 彼得大帝军旗所用中国丝织品研究. 上海: 东华大学, 2019: 143.

物日益增多，后又有七枚、十枚缎织物。清代的缎类织物在文献记载中名称很多，如《诸物源流》中记录的当时的缎类产品有"库缎、摹本缎、挽本缎、摹魁缎、戴机缎、洋缎、南京缎、理货缎、八丝缎、彭缎、同海缎、牧缎、倭缎、花轴缎、金线闪缎、五缎、闪缎"①等。结合实物考证，清代缎类织物的基本品种包括素缎、暗花缎、闪缎、妆花缎、织金缎等。还有一些有缎名但无缎组织的织物，如巴缎、鸳鸯缎等。

（1）单层的缎织物。该类织物是单组经纬纱线以缎纹组织的规律交织而成的，有素缎和提花缎之分。素缎是没有提花的单层缎织物，清代素缎所用缎纹组织有五枚缎也有八枚缎等，一般先织后染成各色。单层提花缎织物是使用单组经线与单组纬线，采用经缎纹和纬缎纹组织，通过组织点的交织浮沉体现出图案的织物。它通过经面和纬面缎纹的对比，呈现出双面相同的纹样②。单层提花缎织物使用的经纬纱线色彩一致时，形成花纹隐约的暗花缎（图4）。有时，经面缎作地、纬面缎作花被称为暗花缎，而纬面缎作地、经面缎作花的被称为亮花缎③。首都博物馆收藏有北京北郊四道口清代墓出土的22件丝织品④，其中多件为暗花缎织物，如浅驼色行云团龙纹暗花缎夹裤的面料就是正反八枚缎纹组织的暗花缎。

① 赵丰.中国丝绸通史.苏州：苏州大学出版社，2005：520.
② 苏淼.彼得大帝军旗所用中国丝织品研究.上海：东华大学，2019：143-144.
③ 苏淼，王淑娟，鲁佳亮，等.明清暗花丝织物的类型及纹样题材.丝绸，2017（6）：81-90.
④ 韩英.馆藏丝织品的初步整理.首都博物馆丛刊，2002（00）：174-180.

当单层提花缎织物所使用的经纬纱线色彩不一致时，则为经纬异色缎。通过对清代传世丝绸的观察，我们发现经纬异色的提花缎有单色经线与单色纬线交织、双色经线与单色纬线交织、多色经线与单色纬线交织及多色经线与多色纬线交织等情况。单色经线的经纬异色缎是指经线为一种颜色，纬线为另一种颜色，且为不同色相，以缎纹组织交织而成的提花织物。当经纬色彩的色相对比较为强烈时可称为闪缎，闪缎是最为常见的两色单层提花缎，在明清时期极为流行。通常闪缎的经线加捻，丝线较细，纬纱不加捻，蓬松较粗。这样覆盖在纬线上的经组织点遮盖面积较小，可形成良好的闪色效果。^① 双色经线或多色经线与单色纬线交织，可形成更多变化或者迷离的色彩效果。而多色经线与多色纬线交织，则可采用经线多色分区排列和纬线分区换色的方法，得到条格的图案效果，如回回锦。

▶ 图 4 黄色蝴蝶牡丹花缎棺垫
清代

---

① 苏淼 . 彼得大帝军旗所用中国丝织品研究 . 上海: 东华大学，2019: 148.

（2）花缎。花缎是一种非单层提花缎织物，主要指以五枚、七枚、八枚缎纹组织为地组织，织入纹纬的地结类提花缎织物。清代的花缎品种很多，如闪缎、广缎、二色缎等。花缎中的闪缎不同于单层织物的闪缎，是指采用色相对比较强的经纱和纬纱以缎组织为地，另外插入一组纹纬，在织物正面可由地经来固结间丝点，在织物背面形成抛纬、不固结，这组纹纬通常一色，织物图案比较大。广缎，也是在五枚、七枚、八枚缎纹组织地上织入一组纹纬，但其正反面都无固结，正面是纬浮长，背面是抛梭。广缎色彩更为艳丽，织物图案多为细碎的满地花。

（3）泰西缎。清代晚期还有一类名为泰西缎的织物，这是一种洋缎，却不是丝织品，它是使用咸丰时期才出现的人造丝织造的花织物。起初是英国仿照中国丝织品的织造工艺和纹样，采用铁机织造而成的人造丝织物。清代同治、光绪时期，英国人开始在中国建厂，织造大量的洋缎，而泰西缎就是其中最织造量最大的产品。泰西缎一般是在以地经地纬形成的八枚缎纹组织地基础上，附加一组纹纬，采用平纹、斜纹、缎纹等多种组织变化织出纹样，纹样风格较为洋气雅致。清末泰西缎因其价廉物美很受欢迎，清宫后妃衣料也有大量使用，如今在故宫博物院收藏有不少泰西缎匹料。

（4）妆花缎。这是清代最为流行的缎类织物品种之一，它是以缎纹组织为地，以多种颜色的纬线采用挖梭或长抛梭的妆花工艺显花的丝织品。如果分别在纱地、罗地、绸地上使用妆花工艺，所成织物就分别是妆花纱、妆花罗、妆花绸。使用妆花工艺的丝绸在明代是深受贵族阶层喜爱的贵重丝织品。妆花缎质地厚实、色彩艳丽，有富丽堂皇之气，是清代统治阶级及贵族常用的服装及室内陈设品的面料。如故宫博物院藏雍正时期的绿地彩织金龙凤云蝠花卉妆花缎被面[1]，中国丝绸博物馆藏红地五彩妆花寸蟒缎（图5），均以挖梭工艺织出主题纹样。

（4）织金缎。清代的织金缎也称"库金"，其工艺有两种形式，通梭和非通梭。通梭的织金缎，是在缎纹组织地上通梭织入金线，金线有片金和圆金。非通梭的织金缎，则是以金线作纹纬，用挖梭或以纬二重组织织成。以挖梭的方法织入金线的，亦可称为妆金缎。当然金线如换为银线，则为织银缎。在织金缎中最为贵重的要数"金宝地"。"金

▼图5　红地五彩妆花寸蟒缎
清代

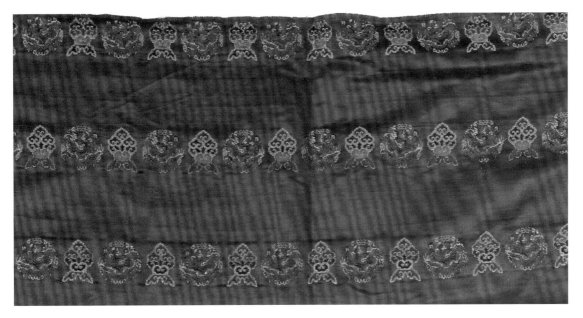

----

① 李英华. 丰富多彩的清代锦缎. 故宫博物院院刊，1987（3）：80-87.

▲ 图 6　绿色地串枝牡丹芙蓉纹金宝地锦
清代

宝地"是指在地部大面积织入金线，异常华贵。但从传世品来看，清代前期的"金宝地"织物基本为从欧洲输入的，中国织造的"金宝地"则是从清代中期以后才多起来的（图6），且纹样的造型也多受欧洲艺术的影响。

（二）纱罗织物

《红楼梦》第四十回中，贾母提到的被王熙凤错认为蝉翼纱的软烟罗，有"各样折枝花样的，也有流云卍福花样的，也有百蝶穿花花样的"[1] 多种图案，可说明不论是蝉翼纱还是软烟罗都是提花的纱罗织物。贾母说"软烟罗只有四样颜色，一样雨过天晴，一样秋香色，一样松绿的，一样就是银红的，银红色的又叫作'霞影纱'"。可见清代前期纱罗织物的品种就相当丰富，以至于管理家族日常事务的王熙凤都会认错。

清代具有实在绞经组织的纱织物有素纱和提花纱。其中提花纱主要为具有暗花效果的暗花纱，暗花纱就是绞纱组织和平纹或其他普通组织互为花地的提花丝织物，于宋初出现，在明清时期极为流行[2]。清代暗花纱有亮地纱、实地纱、浮花纱、芝麻纱等。在绞纱地上以平纹组织显花，称之为亮地纱，因为绞纱地透孔大，显得亮，明清时期称之为"直地纱"或"直径纱"，常常用于刺绣衣料，如浙江省博物馆藏宝兰团龙直径纱匹料（图7）。而实地纱是用平纹作地，以绞纱组织起花的，多见在1/1平纹地上以

---

① 曹雪芹 . 脂砚斋重评石头记二 . 北京：人民文学出版社，1975：909-910.
② 苏淼 . 中国古代丝绸设计素材图系·暗花卷 . 杭州：浙江大学出版社，2018：9.

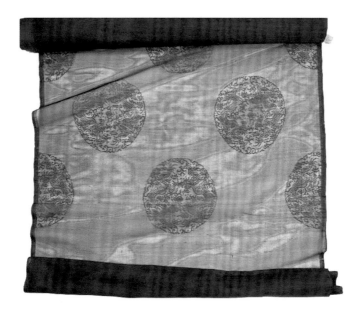

▲图7　宝兰团龙直径纱匹料
清代光绪时期

二经绞起花。浮花纱是指在纱地上以纬浮或经浮显花的织物。芝麻纱是一种特殊的亮地纱，地组织以三梭二经绞织出，纹组织为平纹，织出芝麻纱孔[①]，是夏季衣衫和室内用品的常用面料。

　　清代的罗织物中，四经绞罗的组织已很少见，大部分为采用一绞一的绞经结构，利用平纹组织进行间隔，形成带有横向或纵向条带效果的织物，分别称为横罗或直罗。清代横罗的品种比直罗更丰富也更为多见。横罗在元代就已有三丝罗、五丝罗、七丝罗，这里的丝就是指平纹组织的纬纱投梭数。到清代，最为著名的横罗为杭罗，杭罗是浙江杭州的丝绸名产。清代横罗的绞纱横向之间由平纹组织形成的条带越来越大，突破了七

---

① 赵丰，屈志仁.中国丝绸艺术.北京：中国外文出版社，2012：468.

▲图8 雪青色菊蝶纹罗（局部）
清代同治时期

丝罗，可达十几梭，甚至数十梭，形成更为明显的横路。如果在横罗的基础上加以提花，则为春罗。春罗是在七丝罗地上以四枚斜纹显花，如故宫博物院藏雪青色菊蝶纹罗（图8）。横罗和春罗都主要用作春秋季袍料和褂料。

而织金、妆花的纱罗织物到了清代特别是清代中期以后已不似在明代那样流行多见，仅在少数贵重华丽的宫廷服装上使用。如故宫博物院藏清代顺治时期明黄色四团云龙纹织金纱男夹朝袍的面料、清代康熙时期杏黄色彩云金龙纹妆花纱女夹龙袍的面料，以及乾隆、咸丰、同治时期的回回织金纱。

清代同治、光绪时期，出现了泰西纱，但它不是丝织物，而是经纬纱线均为植物纤维织造的绞经织物。泰西纱使用从德国进口的铁机，在本色地上利用中西结合的织造方法，采用多种组织如平纹、缎纹、罗纹及抛道、妆花等工艺，表现出具有西洋风情的大洋花纹样。其成本低廉、风格新颖，在清代晚期尤其是宣统时期，得到上自皇宫下至平民的喜爱，成为清末民初女性服装的常用面料。

（三）绸类织物

清代有许多跟绸有关的织物名称，如春绸、绉绸、线绸、江绸、宁绸、潞绸、暗花绸、回回绸、织金绸等。文献中的"绸"字，清代前期至中期用"紬"，后期用"绸"。从其基本组织来看，可分为平纹绸和斜纹绸。按其有无花纹分，可分为素绸和织花绸。按织花的工艺不同，有本色地上起本色花的暗花绸，有用金银线作为纹纬的织金绸，也有采用挖花工艺的妆花绸。

清代的平纹绸是以平纹作地的经纬同色的单层提花丝织物[①]。平纹地暗花丝织物出现较早，《说文》中有"绮，文缯也"，这里的"文缯"就是指有花纹的平纹地织物，在秦汉时被称为"绮"，唐宋被称为"绫"，明清时则称为"绸"（亦作"紬"）。具体组织结构主要有平纹地上经浮长或纬浮长显花、平纹地上斜纹显花、平纹地上缎纹显花以及隔梭平纹隔梭花等，如安徽全椒清墓出土的缠枝花卉纹绮袍（图9）的面料，就是在平纹地上以1/3经斜纹显花。[②]到清代晚期又出现了平纹地上以八枚缎纹显花的织物。

---

① 苏淼，王淑娟，鲁佳亮，等.明清暗花丝织物的类型及纹样题材.丝绸，2017（6）：81-90.
② 苏淼.彼得大帝军旗所用中国丝织品研究.上海：东华大学，2019：162-163.

▲图9 缠枝花卉纹绮袍
清代，安徽全椒清墓出土

春绸是平纹绸的一种，有花、素之分。织花的春绸以平纹组织为地，花组织比较特别，采用的是平纹和斜纹的混合组织，织一行斜纹，织一行平纹，交替织就暗花织物。春绸的经纬纱线均不加捻，织物轻薄柔软，有光泽，在清代的龙袍衬里上应用甚多，直到清代晚期还是杭州上贡的名产。如故宫博物院藏清代道光时期蓝色蝶报富贵纹春绸、清代同治时期藕荷色百蝶纹春绸等。

清代的绉绸分花、素两种，以湖州产的最为有名，称湖绉。素的绉绸采用平纹组织，但由于其经纬纱线均加强捻，通过经纬丝线的不同捻向产生起绉的效果。织花的绉绸，以平纹组织为地，以经斜纹与平纹组织相间织出纹样，一般为经纬同色的暗花织物。绉绸一般用于制作夏季服装、汗巾、头巾等物，如首都博物馆收藏有清代粉红色暗花绉绸绣花齐寿桃纹汗巾[1]就是在经起花的粉红色暗花绉绸上再行绣花。

线绸是一种丝、棉混合的织物，在平纹地上以斜纹或八枚缎纹起花。由于其经线为丝较细，纬线为棉较粗，织物表面呈现罗纹感，故称为线绸，如故宫博物院藏清代雍正时期烟色云蝠纹线绸、清代乾隆时期粉色串枝莲纹线绸等。线绸主要产于杭州，南京、广州等地也有生产。清代晚期还出现了纺绸，以浙江杭州的杭纺、江苏盛泽的盛纺、浙江嘉兴濮院的濮院绸最为出名。

斜纹绸是以斜纹为基本组织的品种。如江绸、宫绸、潞绸，均为斜纹地的单层提花丝织物。

江绸，又名宁绸，有不织花的素江绸和织花的花江绸。素江

---

① 韩英.馆藏丝织品的初步整理.首都博物馆丛刊,2002（00）：174-180.

绸为三枚经斜纹组织，花江绸为本色地上织本色花的暗花绸。清代江绸在南京、杭州、成都等地有织造。《蚕桑萃编》卷七《织政》中在讲花素机时提到，"花素机制审度合宜可织素亦可织花，……如宁绸用六范六栈，贡缎用八范八栈，变用在人，不拘一格"，可以推测出当时南京流行的宁绸使用六片起综、六片伏综的织机所织。结合实物分析，花江绸应为三枚经斜纹地上以六枚纬斜纹起花，且为同向斜纹。而四川的江绸则用缎机织成，为四枚经斜纹地上以八枚纬斜纹起花。江绸经线加捻，双股并用，纬线不加捻，织物质地紧密、厚重，是清宫秋冬季服饰常用面料。

宫绸，即斜纹地上斜纹花的暗花绸，为江宁织造专门为宫廷织造的丝织品，清代多用作袍料和褂料。其艺术风格与江绸类似，但组织结构不同，宫绸是在三枚经斜纹地上以五枚纬斜纹起花，组织枚数不同但斜向相同。宫绸的经纬纱线皆不加捻，较为柔软轻薄。宫绸的纹样主要有二则团龙、串枝花、寿字纹等。

潞绸是山西的地方名产，是一种以不同颜色地经、地纬交织成经面斜纹组织地、纬面斜纹组织花的织花绸。从出土实物看，潞绸通常所用组织结构为三枚斜纹地上以六枚纬斜纹起花，枚数不同但斜向相同。潞绸的生产在明代达到顶峰，到了清初仍有生产，但规模不及明代，多用于服饰、装裱等，如故宫博物院藏清代康熙时期金黄色潞绸喇嘛衬衣及清代康熙时期月白色暗花潞绸银鼠皮坎肩。

织金绸以斜纹组织为地，织入一组金线或银线起花，金银线可有片金和圆金。织金绸从清初至清末均有织造，是绸类织物中的高级品种，多作为贵族服装用面料。清代还有不少回回织金绸，如故宫博物院藏清代嘉庆时期鹅黄色地八宝八仙云纹织金绸、清代乾隆时期黄色银朵花纹回回织金绸。

以各种彩纬采用挖梭或长抛梭的妆花工艺在平纹或斜纹组织的绸地上织出纹样的织花绸叫作妆花绸。妆花工艺是以彩色小梭子挖花为显花手段，换色灵活，可随心所欲织就万般霞彩，呈现逐花异色的效果。

染经绸指先将经线扎染出花纹或印出花纹，然后将染好或印好的经线整理对花上机后再进行织造的染经织物。根据宗凤英先生整理过的清宫藏品和藏品上的黄条信息来看，清代的阿尔泌壁衍绸与和阗绸，都是新疆传统织物，为清代新疆进贡朝廷的贡品之一；两者的工艺均为扎经染色，都是采用平纹组织或斜纹组织织成的多彩织物；两者的纹样设计与呈现出的朦胧艺术效果也类似，都有经线错位带来的轮廓参差不齐的肌理感。两者最大的区别是阿尔泌壁衍绸的经纬纱线均为蚕丝，而和阗绸又名艾德莱斯绸，采用的是丝经、棉纬。棕色地织彩几何纹阿尔泌壁衍绸（图10），以彩经与红色纬线交织成平纹组织的绸地和平纹组织的纹样。阿尔泌壁衍绸与和阗绸，是新疆维吾尔族女性衣裙的常用面料。

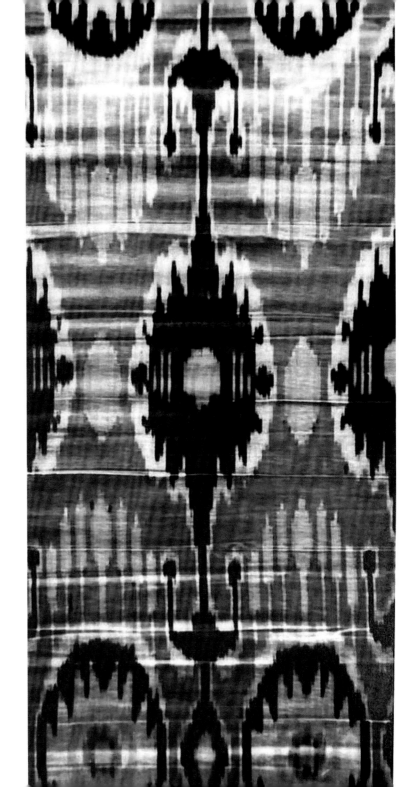

▶ 图 10　棕色地织彩几何纹
阿尔泌壁衍绸（局部）
清代

（四）起绒织物

清代的起绒丝织物，按加工工艺不同分为纬起绒和经起绒。清代的栽绒毯就是纬起绒。每隔若干根地纬嵌入绒纬一根，将绒纬用手工打结的方法固结在地经之上。明清时期的栽绒丝毯多以丝为绒纬和地经，棉为地纬[①]。而天鹅绒、漳绒、倭缎、玛什鲁布、漳缎等名目则都是经起绒织物。这些经起绒织物又可分为素织物和花织物。

清代经起绒的素织物的主要品种有素绒、雕花绒、玛什鲁布。素绒是织成单色且全部剪绒而不雕花的绒。清代的漳绒（素）、天鹅绒（素）、建绒、倭缎都属于素绒。清代的素绒一般以四枚斜纹组织做地。雕花绒是先将起绒的素织物织造完成，不取出假织杆，将其与下机面料一起平铺，再根据图稿进行手工割绒形成图案，布面具有暗花的效果，如清代绒织物中的漳绒（花）。中国丝绸博物馆藏清代定绒加重真清水头号漳绒（图11），就是一件黑色的雕花绒衣料，在素绒上进行牡丹桂花图案的割绒而成。玛什鲁布则是清代乾隆时期起维吾尔族生产的一种扎经染色的起绒丝、棉交织物。

① 包铭新. 我国明清时期的起绒丝织物. 丝绸史研究,1984（4）: 21-29.

经起绒的花织物是指在基本组织地上，绒经以绒组织起花的织物——绒缎，清代常称之为漳缎。漳缎通常以六枚变则缎纹为地，绒经起花。当绒经与地经同色时则为暗花绒缎，即单色漳缎。当绒经与地经异色时则称为彩绒缎，即彩漳缎。清代中期，有一类彩绒缎在多色绒圈进行剪绒时，会保留一部分绒圈。传世的该类型彩绒缎均为乾隆时期产品，且图案均为类似的缠枝牡丹花，花朵枝条内部割绒，但边缘处留有绒圈，枝叶造型明显受西方元素影响，如故宫博物院藏十余件各色缠枝牡丹纹彩漳缎及美国波士顿美术馆藏黄地缠枝牡丹纹彩漳缎（图12）等。这件缠枝牡丹纹彩漳缎原是用于圆明园的装饰绒毯，以六枚变则缎纹织成黄色地，用浅绿、深绿、大红、紫色、粉色等多色绒经起绒织出花纹，花纹边缘保留绒圈，花纹内部割绒形成绒毛[1]。

◀ 图11 定绒加重真清水头号漳绒
清代

▶ 图12 黄地缠枝牡丹纹彩漳缎
清代乾隆时期

① 赵丰，苗荟萃.中国古代丝绸设计素材图系·绒毯卷.杭州：浙江大学出版社，2018：60.

在素绒的基础上再织入彩色纬线就成为彩纬绒，在绒缎的基础上还可再织入彩色纬线。如果除彩色纬线外，又插入通梭的金线或银线，就是金彩绒或银彩绒。如果插入的金线浮纬完全盖住了地组织，则称为金地彩纬绒。绒缎中也有运用妆花的工艺，就是在绒缎地上用小梭子挖花织入多种色纬，则为妆花绒缎。清代这种贵重的绒织物非常多，特别是清晚期，常用于高级的衣料和室内陈设。

（五）织 锦

清代织锦大量用于铺垫被陈、书画装裱和宗教佛画。从名称来看，有锦名的名品有苏州的宋锦（宋式锦）、四川的蜀锦、南京的云锦，还有少数民族地区的不同风格的织锦。但从技术来看，这些具有锦名的大多不是锦，如云锦中的妆花、库缎之类已在前述品种。从织物结构上看，清代真正的织锦有特结锦（宋式锦）、双层锦（改机）和双面锦。

（1）特结锦（宋式锦）。若根据织物的图案风格和用途，清代的特结锦（宋式锦）可分为重锦、细锦、匣锦三个品种。若从组织结构出发，可分为平纹地锦、斜纹地锦和缎纹地锦三类。其中斜纹为地的特结锦占多数，通常使用地经与地纬以三枚斜纹作地，再一组专门的特结经与纹纬采用平纹或者斜纹组织来交织。特结锦中最为贵重的重锦（图13），就是采用斜纹组织作地，纹纬中常常加用金线，图案常用退晕之法。重锦主要用于巨幅挂轴、铺陈和陈设品。细锦和匣锦也常用斜纹为地。细锦也会以平纹为地，就是地经与地纬以平纹组织交织作地，特结经与纹纬以平纹或斜纹组织交织。细锦较重锦更为细软，适用场合很多。而匣锦专做装裱用，采用特结经的匣锦，斜纹地上斜纹花，还有一类不采用特结经的，地组织为六枚变则缎纹，采用纬浮显花。匣锦纹样多为小型几何填花火小花朵，简单素雅。缎纹为地的特结锦（缎纹地锦）在清代也非常盛行，通常用地经与地纬以六枚变则缎纹为地，特结经与纹纬以平纹或斜纹组织进行固结。缎纹地锦还常用金银线作为纬线，风格较为华丽。

▲ 图 13　云地宝相花纹重锦（局部）
清代康熙时期

（2）双层锦。明代弘治时期福建织工创织出名为"改机"的双层锦，组织结构为四组经线二组纬线的双层平纹提花织物。从文献及实物材料来看，改机分为妆花、织金、两色、闪色四种[①]。清代的改机在明代的基础上有所发展，有继续沿袭明代改机方法使用双层平纹组织的，如中国丝绸博物馆藏清代黑白卍字纹双层锦（图14），采用了双层平纹组织织出卍字曲水纹。清代还发展出使用双层斜纹组织的双层锦，比双层平纹组织的锦面更为平整，牢度更高。传世的清代双层锦图案均较小，类似宋式锦中之匣锦，主要用于书画装裱。

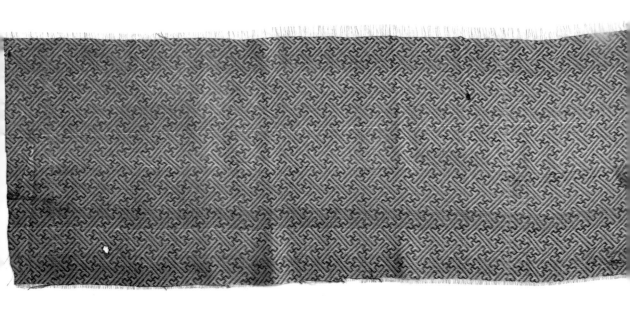

▲ 图 14　黑白卍字纹双层锦
清代

---

① 陈娟娟．明代的改机．故宫博物院院刊,1960（00）：187-186.

（3）双面锦。双面锦始于明代，是用一组经线与两组不同色彩的纬线以双面组织交织而成的，形成正反面图案或色彩不一的织物效果。清代的鸳鸯缎就是一种双面锦，通常用一组经线与两组不同颜色的纬线以平纹地、缎纹花的形式交织而成。北京故宫博物院藏有多件清代同治时期的鸳鸯缎实物。

（六）缂　丝

缂丝始于唐代，宋元以来为皇室御用织物，其技艺为通经断纬、随欲所作。清代缂丝主要用于宫廷及贵族的服装件料、补子、诗文书画、梵经佛像、室内陈设等。传世的缂丝织物有多件清代缂丝服装件料和缂丝件料制作的龙袍、女袍、马褂、坎肩等，年代贯穿清初到清末，如故宫博物院藏黄色缂丝云龙纹袍料（图15）、中国丝绸博物馆藏缂丝蓝地云蝠牡丹八宝九龙纹夹袍（图16）。清代乾隆时期多有佛教题材缂丝作品，如缂丝《阿弥陀佛极乐世界图轴》（图17）、缂丝《弥勒净界唐卡》等。清代前期缂丝作品在配色上色彩纯度较高，大块面设色较多；清代中期以后受西方艺术影响，配色上更追求退晕的变化。如清代中期使用三色金缂丝，即用赤圆金、淡圆金、银线的色彩过渡来表现纹样的立体感；清代晚期流行三蓝缂丝和水墨缂丝，追求更为细腻的退晕变化，色彩上也更为清新淡雅。另外，因受西方缂毛挂毯的影响，清代中期还出现了以亚麻做经，用丝线缂织地纹、用毛线缂织花纹的缂丝毛等做法。为了追求更为丰富的层次及色彩，在缂丝基础上还有进行加绣或加画的工序，谓为缂绣或缂画。

▲ 图 15 黄色缂丝云龙纹袍料
清代顺治时期

▲图 16　缂丝蓝地云蝠牡丹八宝九龙夹袍
清代同治时期

▲ 图 17 缂丝《阿弥陀佛极乐世界图轴》
清代乾隆时期

（七）刺 绣

清代是中国刺绣技艺发展的巅峰时期，不论是宫廷刺绣还是民间刺绣，都达到了精
妙绝伦的境界。宫廷用刺绣品专门由工部特设的绣作生产，民间有刺绣作坊生产商品绣，
还有家家户户自给的民间刺绣。清代刺绣主要用于服装、陈设用品以及宗教图景的描绘

▲图 18　清盘金绣孔雀方补
清代

等（图 18、图 19），当时还出现了许多具有地方特色的名绣，如京绣、苏绣、晋绣、汴绣、粤绣、蜀绣、湘绣、瓯绣、鲁绣、汉绣等，其中苏绣、湘绣、粤绣、蜀绣并称"四大名绣"。少数民族地区如苗族、侗族、彝族、瑶族、土族、维吾尔族、黎族等也都有各具特色的实用刺绣品。这些地方绣种各有其独特的图案题材、色彩风格以及针法运用方式。清代刺绣的针法与方式推陈出新，清代刺绣名家沈寿口述《雪宧绣谱》（张謇整理）中总结的主要针法就有齐针、戗针、单套针、双套针、扎针、铺针、刻鳞针、肉入针、打籽针、羼针、接针、绕针、刺针、扒针、施针、旋针、散整针、虚实针共十八种。此外还有其他常用的绣法如辫子股、滚针、平金绣、盘金绣、纳纱绣、戳纱绣、鸡毛针、珠绣、网绣、剪贴绣、十字绣、乱针绣、变体绣等。自清初至清末，刺绣题材日益广泛，刺绣技艺愈加多样，刺绣作品风格愈发细腻精巧。

▲图19 刺绣女上衣
清代

三

清代丝绸的图案艺术

清代丝绸艺术既仿古汉、唐，又承继宋、明，且融合多民族艺术精髓，并吸收外来文化艺术元素，清代丝绸在造型表现、图案布局、纹样题材等方面体现出清代丝绸艺术的丰富性。清代前期的丝绸艺术主要表现为对明代丝绸艺术的继承与发展，突出表现在宫廷丝绸中，整体风格相对古朴雅致、造型端庄大气。清代中期写实自然风格纹样日趋增多，图案色彩的层次表现更为丰富，民间丝绸纹样丰富多彩，多民族风格融合，亦有外来纹样的影响。清代后期丝绸纹样造型愈加写实、细腻，与清代前期相比更为华美精巧。有清一代，丝绸艺术的内涵总体围绕儒家的宗法思想和传统的吉祥寓意展开。

（一）时代特色

以时间为序，清代丝绸艺术的风格经历了前期、中期、晚期三个主要发展阶段，每个阶段的艺术风格既承上启下又各有特点。

1. 清代前期丝绸艺术风格

清代前期指从清初至康熙朝中期这段时间。这一阶段的丝绸艺术特点首先表现为对明代丝绸艺术风格的承袭，布局对称、大气端庄，在纹样造型上仿效宋、明遗风，花纹工整秀丽。清代江浙三大织造每年生产不少仿古风格的绸缎纱罗，苏州宋锦、江宁云锦和四川蜀锦，都以仿制古锦而著称。根据目前传世的丝绸文物来看，这一阶段大量丝绸图案与晚明的丝绸图案风格高度一致。像明威辨等体现宗法制度的纹样的使用基本沿袭明代，如龙纹、凤纹、十二章纹以及官服使用补子等纹样（图20、图21）。其次是沿袭

▲ 图20　明黄色团龙纹实地纱盘金绣龙袍
清代

明代丝绸图案布局，构图多为严谨的对称结构，如交波骨架的缠枝宝相花纹（图22）、串枝宝相花纹等对称布局的花卉题材的纹样，还有二二错排的规矩散点纹样（见图13）等。再次是对传统的如意云纹、宝相花纹、落花流水纹、云鹤纹等明代沿袭下来的纹样题材的继承。

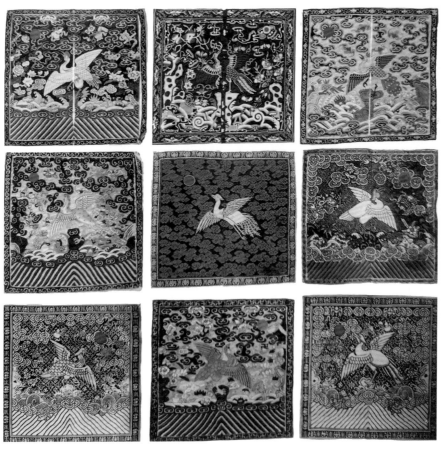

▲图21　文官一至九品补子
清代

　　清代前期丝绸图案虽沿袭或仿效古风，但在色调搭配和取材布局上有所创新与发展。明代丝绸图案配色浓重艳丽，清初丝绸图案的配色则趋向于调和雅致，并延续至清代中期。从官服补子纹样的构成来看，明代文官补子的飞禽图案一般为对禽形式（图 23），而清代文官补子一般为单禽形式（图 24）。康熙时期好仿宋，如仿宋青绿簟纹锦不下三十种，球路连钱小花锦不下二十种[①]。又如各种灯笼锦在旧样式上再加许多新内容。许多规矩结构的织锦在八达晕锦的布局基础上，又将写生的花草纹饰加入骨架中，使宋式锦的图案变得更为秀丽（图 25）。

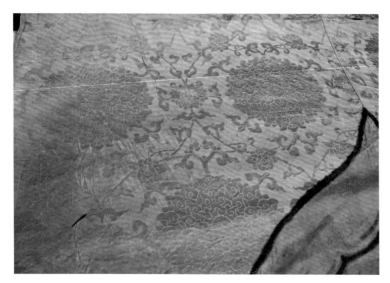

▲ 图 22　俄国军旗用清缠枝宝相花纹暗花缎（局部）
17 世纪

---

① 　沈从文 . 介绍几片清初花锦 . 装饰 ,1954（4）: 11, 16.

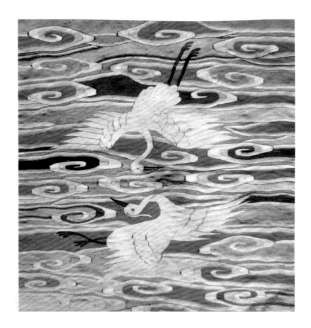

▶ 图 23　早期六品文官鹭鸶纹缂丝补
明代

▶ 图 24　六品文官鹭鸶纹彩绣方补
清代

▲ 图 25　香色地龟背如意瑞花纹锦（局部）
清代康熙时期

2. 清代中期丝绸艺术风格

清代中期为康熙朝后期至乾隆朝期间。这一时期清代社会经济文化达到繁荣的顶峰，丝绸品种、外观和质量都有极大的发展，纹样造型也日趋多样化，总体上形成繁缛精细的华丽设计风格。纹样题材仍沿用了反映中国传统儒家文化和思想的吉祥图案。乾隆时期的图案设计上还喜仿汉、唐，如模仿唐锦及汉玉造型的纹样。在织物设计中，织金加银之法有显著改进，织金织银类的丝绸织物显著增多，各类丝织品均有织金／织银、妆金／妆银的品种（图26、图28、图29）。清代中期丝绸图案造型的柔细、色彩的淡雅和退晕的过渡处理等方面使得该时期的丝绸图案较清代前期的更显细腻秀丽，纹样的自由化和大型化方面得到进一步的发展。

这一时期，国家相对稳定，民族纺织艺术相互交流频繁并得到融合发展，出现了汉族、藏族、蒙古族、满族、维吾尔族等多民族纹样大发展的新局面。特别是乾隆时期宫廷使用不少少数民族织物，如扎经染色的艾德莱丝绸、玛什鲁布，以及大量的回回锦（图26、图27）。

随着清代对外贸易的发展，西方文化及美术、工艺品的流入对清代的装饰纹样产生了一定的影响。清代中期的丝绸艺术除保留了清代前期的部分特点外，还出现了模仿外来图案的中西合璧式的纹样。清代中期许多丝绸图案有巴洛克、洛可可艺术的痕迹，这在乾隆时期尤为显著，如被称为大洋花的图案（图29、图30）。

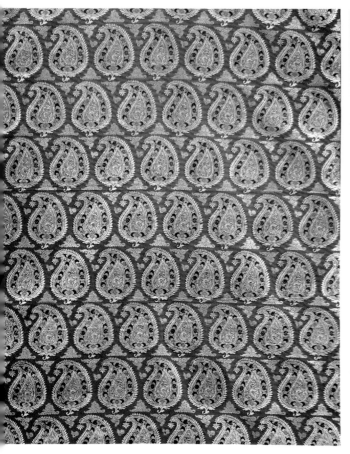

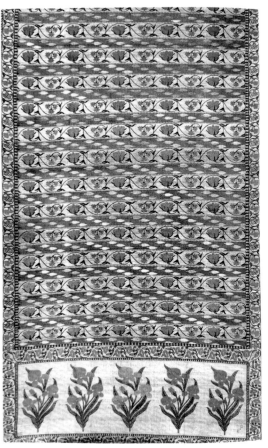

▲ 图 26 玫瑰紫色地金银拜丹姆纹回回锦（局部）
清代乾隆时期

▲ 图 27 灰色地串枝花卉叶子纹回回锦
清代乾隆时期

▶ 图 28 缠枝花纹织金缎
清代乾隆时期

▶ 图 29 彩色玫瑰花纹金宝地锦（局部）
清代乾隆时期

图 26	图 27	图 28
		图 29

3. 清代晚期丝绸艺术风格

　　清代晚期为嘉庆朝以后，此时清王朝呈衰落之势，丝绸设计繁琐但纤弱，相比清代前中期的华丽大气精巧来说，总体上更为矫揉造作。纹样题材除延续之前的题材内容外，还有较多的花鸟虫鱼、山川风貌、亭台楼阁、人物场景等（图31、图32），部分丝绸图案趋于写实，十分生动，配色鲜明大胆。这时期由于注重服装整体协调的风尚流行一时，男装纹样流行大团纹、女装纹样流行独幅花，故服用丝绸图案出现整枝的折枝、大朵花等布局形式。清末慈禧太后喜服整枝花式样，如整枝大牡丹花、整枝大菊花、整枝竹子、整枝莲花等（图33、图34）。

◀图30　粉地大洋花纹缎（局部）
清代乾隆时期

　　清晚期的外销绸种类更为丰富，有用于服装、家纺的提花匹料和绣花产品，也有各类家居成品和服饰品、工艺品，如外销绢画、外销织物、外销扇和伞、外销披肩和外销家纺。外销绸的图案主题主要有两类：一是西方各类来样定制（图35）；二是迎合西方人趣味的描绘东方人物、生活场景的纹样（图36）。外销绸视觉上色彩丰富、结构上饱满热闹，主题纹样间常常布满山水花卉，形成满地布局。

▲图31　大红风景纹织锦裙
清代

◀ 图 32　白色皮球花纹暗花绸印人物场景纹袖头
清代

▶ 图 33　湖色缎绣浅彩整枝竹纹袍料
清代光绪时期

▶ 图 34　宝蓝地金银线绣整枝莲花大镶边女衬衣
清代光绪时期

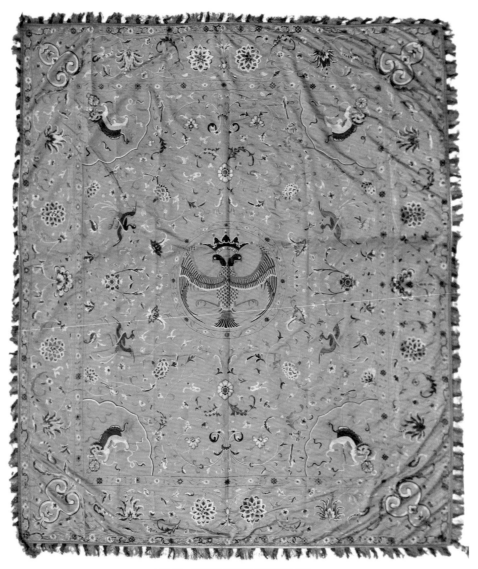

▲ 图 35　黄缎地彩绣双头鹰花鸟纹床罩
清代

▲ 图 36　白缎地彩绣人物纹伞
清代

（二）纹样题材

清代丝绸艺术从清初的端庄大气到清末的华美精巧，图案造型风格多样，纹样题材既有仿古，也在不断推陈出新，体现出多民族、多艺术风格融合的特点。根据纹样的主题，清代丝绸织物的纹样主要为几何类纹样、体现宗法制度的纹样、植物纹样、动物纹样以及自然物象、器物纹样等。

1. 几何类纹样——纹样传袭发展的典型

中国文脉源远流长，艺术之美一脉相传，前朝历代大浪淘沙，经典的纹饰流传下来，深深镌刻在了各类装饰载体上。清代的丝绸纹样也不例外，既继承了传统的经典纹样，也有所发展，突出表现在清初多沿袭明代、康熙时多有仿宋，乾隆时又喜汉、唐等。《丝绣笔记》卷下记"淳化帖宋锦帙"，提到"坚瓠秘集第五，锦向以宋织为上。泰兴季先生，家藏淳化阁帖十帙，每帙悉以宋锦装其前后，锦之花纹二十种，各不相犯。先生殁后，家渐中落，欲货此帖，索价颇昂，遂无受者。独有一人以厚赀得之，则揭取其锦二十片，货于吴中机坊为样，竟获重利，其帖另装他紵复货于人，此亦不龟手之智也。今锦纹愈出愈奇，可谓青出于蓝而青胜于蓝矣"①。这里提到的装裱所用的宋锦，其纹样就是以几何类纹样为主的。传统的几何纹样在清代丝绸织物上主要为满地的各类几何纹加花的"天华锦"，形式变化极为丰富。作为满地而

---

① 朱启钤.丝绣笔记二卷.阚铎，校.民国铅印本.

铺的规矩几何纹有龟背纹、菱格纹、方格纹、曲水纹、锁子纹，还有铜钱纹、球路纹、八角形纹等。

（1）龟背纹加花。清代丝绸织物中的龟背纹加花的图案应用很广，在缎、锦、绒类织物上均有使用。龟背纹加花图案有两种形式：一种是以六边形的龟背纹连续排列，在其龟背形空间内填饰小型花纹，一种是龟背与方形结合，形成龟背四出的几何框架，在框架中填花，或者以龟背四出为底纹其上再散点排列主题纹样。清人画皇太极、顺治、康熙朝服像（图37）中，座下地毯皆为同一种几何填花图案，这至少表明这种龟背四出的几何纹是清代地毯常用样式，在画像时已成程式化。如清万象纹，就是在龟背框架内填以大象纹样；又如清代乾隆时期金地龟背团龙纹织金锦（图38），是在框架内填龙纹。而清代道光时期青色龟背梅兰竹菊纹织金缎（图39），则是将龟背四出作为底纹，其上散点布局梅兰竹菊主题纹样。

（2）连环纹加花。连环纹加花的图案也是在清代丝绸织物上得到广泛应用与发展的几何纹样，在宋式锦中有大量使用。该类图案发展出各种连环形式，有圆环相切连续、四环相套、多环相套连环等样式。如清代六角联珠纹锦缎（图40）纹样为圆环与龟背纹的结合，龟背作为骨架，其四周饰以若干圆环，圆圆相切相连，如同联珠，向四周循环发展。清代康熙时期香色地双龙球路纹双层锦（图41），采用圆环相套，内饰二龙戏珠纹。双矩地团龙球路纹锦（图42）则为圆环相切构成连续纹样。

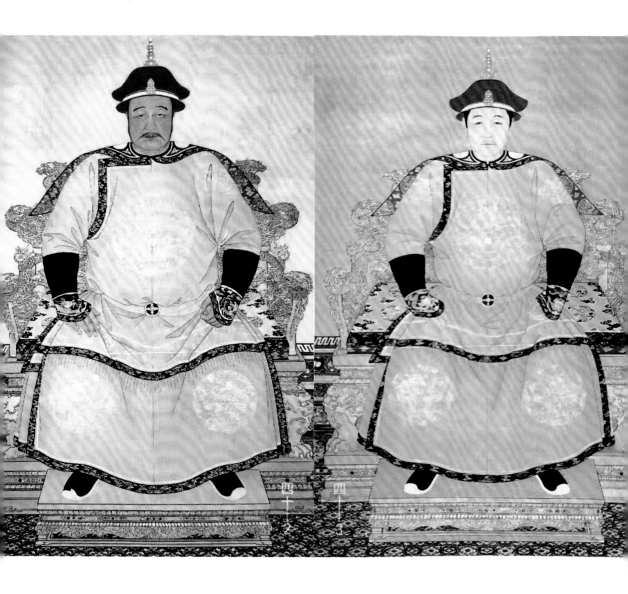

▶▶▶▼ 图37 清人画皇太极、顺治、康熙
朝服像轴及局部放大

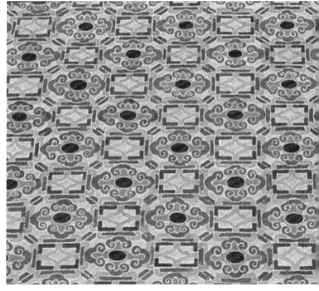

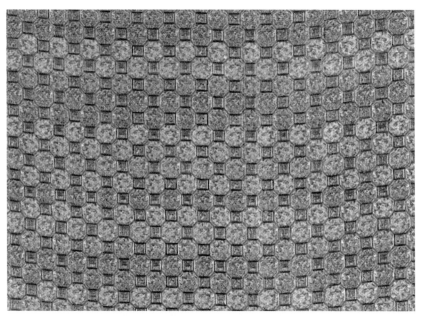

◀ 图 38　金地龟背团龙
纹织金锦（局部）
清代乾隆时期

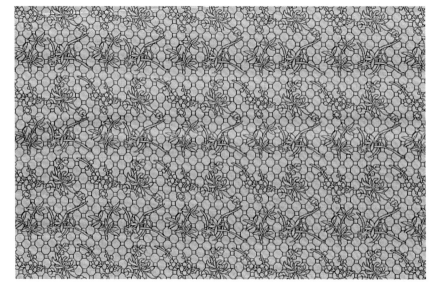

◀ 图 39　青色龟背梅兰
竹菊纹织金缎（局部）
清代道光时期

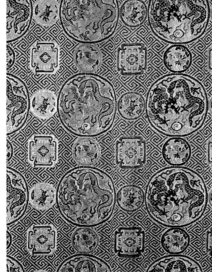

图 40	图 41
图 42	

◀图 40 六角联珠纹锦缎（局部）
清代

▲图 41 香色地双龙球路纹
双层锦（局部）
清代康熙时期

◀图 42 《秋江壹兴图》包首用
双矩地团龙球路纹锦（局部）
清代

（3）菱格纹加花。菱格纹加花图案主要有两种形式：一是整幅画面以菱格作为骨架，内填各类小型纹样，如菱格瑞花纹、菱格卍字纹；二是菱格作为地纹，其上再饰以不同形式的主纹，如菱格卍字锦地开光纹、菱格卍字锦上添花纹。清代中期缠枝莲纹织金缎（图43）上的纹样是以菱格内填卍字纹为地，其上满布缠枝莲。

◀图43　缠枝莲纹织金缎（局部）
清代

（4）方格纹。方格纹在丝绸织物上多做棋盘格样式，相邻方格通过经纬面光泽差异或者经纬纱线色彩变化进行对比显示，有的织物上仅以棋盘格为饰，有的在方格内填以卍字或朵花。

（5）勾连卍字纹。勾连卍字纹又称为卍字曲水纹。在丝绸织物上主要有两种装饰形式：一是作为单独装饰母题，形成四方连续纹样；二是作为地纹出现，其上装饰其他纹样，多作锦地开光式[①]。清代雍正时期绿色地喜相逢纹织金锦（图44），在卍字曲水地上散点排列有蝴蝶喜相逢团纹，并间以朵花与小蝴蝶。

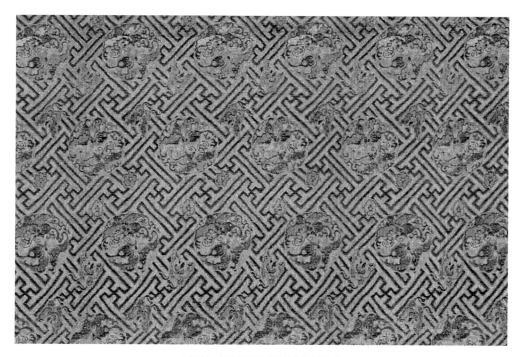

▲ 图44　绿色地喜相逢纹织金锦（局部）
清代雍正时期

① 苏淼. 中国古代丝绸设计素材图系·暗花卷. 杭州：浙江大学出版社，2018：20.

▲▲ 图 45　黄地五彩霞锦及其纹样复原
清代

（6）八达晕纹样。又称"八答晕锦""八搭韵锦""天华锦"等。八达晕纹的基本骨架为"米"字格式，以水平线、垂直线和对角线将空间分为八部分，并在线条的交叉点上套以方形、圆形或多边形框架，框架内再填以各种几何图案。因线与线之间相互连通，朝四面八方辐射，有"四通八达"之寓意。传统的八达晕纹样，在清代演变得更加几何化，例如清代黄地五彩霞锦（图45）。较之前朝，清代八达晕纹中填充入方形或圆形的花纹变得更为细小，与四出或八出的几何骨架融为一体，显得更为整体。如蓝色地大天华锦（图46），其纹样由圆形和方形框架组合构成，一圆形呈八合如意团花造型，团花中心是八瓣朵花，花心部为铜钱纹，团花由四层不同造型大小渐增的如意云头状花

▲▲ 图46 《鹿角双幅》包首用蓝色地大天华锦及其纹样复原
清代乾隆时期

瓣围合而成，最外圈八个如意云头瓣内填饰凤鸟与对蝶纹样；另一圆形亦为八合如意团花造型，具体形态及填充纹样不同，主题纹样周围衬以满地连钱纹等，异常精致。同款装裱用织物在美国大都会艺术博物馆、故宫博物院均有收藏。

　　传统的锦上添花和锦地开光形式在清代丝织品纹样中继续被大量使用，但在构架和细节上更为复杂繁琐。清代乾隆时期蓝色地三多龟背纹锦（图47），纹样以龟背纹为地，其上散布对桃、佛手、石榴组成的三多纹，形成锦上添花的格局。清代光绪时期青色地天华织金锦（图48）的纹样是在较为传统的锦类纹样之上加以菱形开光，整个锦面纹样的线条较为纤细，整体造型细密。

▲ 图 47　蓝色地三多龟背纹锦（局部）
清代乾隆时期

▲ 图 48　青色地天华织金锦（局部）
清代光绪时期

2. 龙凤禽兽——宗法权力制度的符号

自古以来，纺织品就是体现阶层等级的符号，特别是在宗法社会，统治者制定严格的舆服制度来彰显其特权，历代《清史稿·舆服志》中对纺织品的使用均有详细要求。清代也不例外，舆服志详细记载了从皇帝至士庶各个阶层的冠服制度。其中最能够反映清代宗法权力制度的典型丝绸纹样，集中体现在龙纹、蟒纹、凤凰翟鸟纹、官服补子纹和十二章纹的使用上。

（1）龙纹。清代的龙纹已程式化定型，并有严格的使用规定。《清史稿·舆服志》记载，皇帝、皇后、太皇太后、皇太后、皇贵妃、妃、亲王、亲王世子、皇子福晋、亲王福晋、郡王福晋、固伦公主、和硕公主、君主冠服均有用五爪龙纹，有的是刺绣金龙，有的使用五爪龙缎。帝后服饰所用龙纹从动势来看，有正龙、团龙、盘龙、行龙、升龙、侧面龙、七显龙、出海龙、入海龙、戏珠龙、子孙龙等[①]。如"（皇帝）衮服绣五爪正面金龙四团，两肩前后各一"[②]。从帝后服饰上的龙纹造型来看，各时期的龙纹在细节刻画上略有变化（图49、图50、图51、图52）。清代顺治时期，龙纹造型有明代遗风，龙睛圆而有神，龙嘴张开较大，龙耳较大，龙须较少，龙身较为粗壮有力。康熙时期，龙脸腮部变扁，呈元宝形，侧面作张口状，龙耳变小树立，须发较为稀疏。雍正时期，龙脸呈长方形，高鼻，鼻头有呈如意形，鼻孔较大，额头肌肉隆突，眉须和上胡须浓密。乾隆时期，大部分龙脸呈倒梯形，龙眼圆小而有神，红如意鼻头，口方，发须向左右两边撇开。嘉庆时期，龙眼下垂，

---

① 徐仲杰.南京云锦史.南京：江苏科学技术出版社，1985：138,132.

② 赵尔巽等撰.清史稿（第十一册）.北京：中华书局，1976：3035.

▲ 图 49 云龙纹妆花缎（局部）
清代顺治时期

▲ 图 50 明黄色彩云金龙纹妆花纱男夹龙袍（局部）
清代雍正时期

▶图51　绛色金云龙纹漳绒龙袍料（局部）
清代乾隆时期

▶图52　明黄色纳纱彩云蝠金龙纹男单龙袍
　　　（局部）
清代光绪时期

眉须和上胡须疏淡。道光时期，龙脸较短，额头前扁平。光绪时期，龙眼眼黑较大但显呆板，鼻头朱红，髯须较短。总的来说清晚期龙纹的尾部线条渐渐变得粗壮短，弯曲弧度也不太自然，龙的凌厉之势和锐气较之前大减。

在清代，除了用于宫廷服饰，龙纹在宫廷陈设用纺织品中有更为多样的装饰造型，如拱璧纹、拐子龙纹、子孙龙纹、双龙戏珠纹等。龙在汉代多与璧相配，称为龙穿璧，有通天之意，拱璧纹（图53）应为汉代龙穿璧纹样的清代演化。拐子龙纹是指将龙身弯成几何形拐子状的纹样，原为适应木质家具的外形而生的雕刻纹样，渐渐用于丝织物中。如雕花绒短褂（图54）衣身图案为清地团纹，团纹由拐子龙与卷草纹构成，衣领为一条带状的拐子龙纹。拐子龙纹造型伸展有序、灵活多变，有别样的几何装饰美感。子孙龙

▲ 图53　茶色二则拱璧纹暗花缎（局部）
清代嘉庆时期

▲ 图 54　雕花绒短褂及其拐子龙纹样复原
清代

纹是由大小不一的多条龙形构成的纹样，寓意子孙昌盛、富贵绵长。子孙龙纹彩纬绒炕垫是乾隆时期宫廷用地毯，其纹样（图55）主要位置共有九条龙纹，中心为一条较大的团正龙纹，团纹上下左右对称排列有八条小龙。该炕垫纹样还有两条二方连续边饰，靠内较窄的边饰纹样为拐子龙纹，靠外较宽的边饰纹样为对龙纹，均与子孙龙的主题呼应。双龙戏珠纹一般是两条龙作旋转对称排列，围火珠升腾，周围常有如意云纹相伴（图56），寓意祥瑞和谐。

◀图55　子孙龙纹彩纬绒炕垫纹样复原
清代乾隆时期

▲ 图 56　双龙戏珠纹金纬绒炕垫纹样复原
清代

（2）蟒纹。清代服饰制度规定，贝勒、贝子、镇国公、辅国公补服均绣四爪蟒纹（图57）；贝勒夫人朝褂、朝袍均有绣四爪蟒纹；贝子夫人吉服褂前后绣四爪行蟒纹；民公夫人朝褂亦用行蟒纹；郡王侧妃、县主县君等可服用蟒缎、妆缎、各样花、素缎。清代还有名为"寸蟒"的妆花缎（见图5），用金线和彩绒织出"小团龙"和"骨朵云"相间排列的八则图案，因为团花花纹直径很小，故名"寸蟒"缎，或"金钱蟒"缎。又

▲图57　绯色云纹妆花缎蟒袍
清代

因整个"骨朵云"纹样的外缘轮廓像"鱼"形，因而也称"鱼妆"。除服饰用蟒纹外，大量贵族用室内陈设织物也织有蟒纹，常与云纹搭配形成云蟒纹，也有双蟒戏珠等纹，用于地毯、帷幔等。云蟒纹金纬绒桌帷（图58），其走水部位是双龙戏珠主题，而主要画面以云蟒为题，寓意江山稳固、吉祥富贵。

▲图58　云蟒纹金纬绒桌帷
清代

（3）凤凰翟鸟纹。除龙纹、蟒纹外，凤凰翟鸟纹为后宫服饰制度标准用纹，"初制，皇后礼服用黄色、秋香色五爪龙缎、凤凰翟鸟等缎"[①]。"皇贵妃、贵妃、妃……礼服用凤凰、翟鸟等缎，五爪龙缎、妆缎、八团龙等缎。嫔……礼服用翟鸟等缎，五爪龙缎、妆缎、四团龙等缎"，均按制据品级用纹。龙纹、凤纹还组合出现，成为帝后的象征，如"龙凤呈祥""双龙双凤"。除了袍服，宫廷陈设织物如椅披坐垫、帐帘帷幔、车舆装饰、书画裱封等均有大量使用龙纹、凤纹。龙凤呈祥雕花绒毯（图 59），以龙凤为主要元素，画面中心为一条正龙，四角为凤，在龙凤之间装饰如意云图案，是常用的龙凤呈祥主题。凤纹常常与云、杂宝等搭配，有凤凰于飞、凤舞九天的意境。丝绸织物上的凤纹在造型上是飞凤多于团凤。清《人物故事图》副隔水用莲花如意团凤纹绫（图 60），团凤纹以凤头为中心，尾羽与凤翅逆时针旋转形成圆形外廓。团凤上方与下方为莲花纹，周围填饰如意云纹。乾隆时期，随着吉祥图案的盛行，凤纹在织绣品上的使用更加广泛，常与牡丹等花卉结合在一起（图 61），构成"凤穿牡丹"纹等，凤纹还与百鸟组合，构成"百鸟朝凤"纹，均有富贵吉祥之意。

---

① 赵尔巽，等.清史稿（第十一册）.北京：中华书局，1976：3040，3042.

▶图 59
龙凤呈祥雕花绒毯
清代

▲ 图60 《人物故事图》副隔水用莲花如意团凤纹绫（局部）
清代

▲图61　黑缎地彩绣凤鸟花卉纹边饰
清代

（4）补子纹样。所谓"衣冠禽兽"即指补服所用补子纹样，清代补子的形状有团补与方补之分，亲王以下贝子以上皆为团补（图62、图63），镇国公及以下与文武官员为方补。亲王、亲王世子补服绣五爪正龙，郡王补服绣五爪行龙，贝勒补服绣四爪正蟒，贝子补服绣四爪行蟒。镇国公、辅国公补服绣四爪正蟒，镇国将军补服绣麒麟，辅国将军补服绣狮，奉国将军补服绣豹，奉恩将军补服绣虎。民公补服绣四爪正蟒。清代文武官员补子纹样（见图21、图64）如下：文一品鹤、都御史獬豸，文二品锦鸡，文三品孔雀、副都御史及按察使獬豸，文四品雁、道员獬豸，文五品白鹇、给事中与御史獬豸，文六品鹭鸶，文七品鸂鶒，文八品鹌鹑，文九品练雀；武一品麒麟，武二品狮，武三品豹，武四品虎，武五品熊，武六品彪，武七品犀牛，武八品犀牛，武九品海马。"文禽武兽"的补子纹样成为清代官员序列的符号。

◀图62 亲王团补
清代

▶ 图 63　醇亲王奕環朝服像

a	b	c
d	e	f

◀图64　武官一至六品补
清代
a 武官一品补
b 武官二品补
c 武官三品补
d 武官四品补
e 武官五品补
f 武官六品补

（5）十二章纹。古代规定，只有天子才能穿十二章的章服，群臣按品级以九、七、五、三章递减，以示等级 [1]。清代的十二章纹借鉴了明代十二章纹的形式和布局，《清史稿·舆服二》中记载："（皇帝）龙袍，色用明黄。领、袖俱石青，片金缘。绣文金龙九。列

▲ 图 65　明黄缂丝金龙十二章纹龙袍
清代

---

① 田自秉，吴淑生，田青. 中国纹样史. 北京: 高等教育出版社，2003: 99.

十二章，间以五色云。"目前可见最早有十二章纹的清代龙袍是雍正时期的，但清代正式使用十二章纹是在乾隆朝《大清会典》《皇朝礼器图式》颁布之后[1]，形成定制。清代皇帝朝服和吉服（龙袍）上完整的十二章纹是：日、月、星辰、山、龙、华虫、宗彝、藻、火、粉米、黼、黻（图65、图66）。日纹，即太阳，其中绘有金乌鸟；月纹，即月亮，

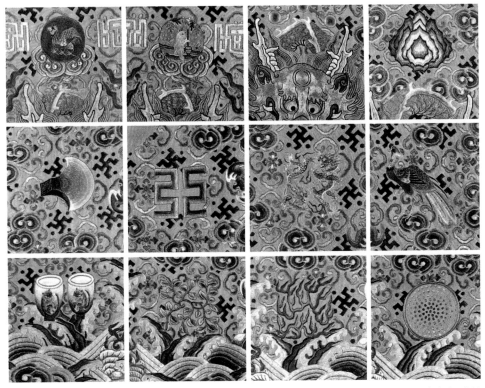

首行左起：日纹、月纹、星辰纹、山纹
中行左起：黼纹、黻纹、龙纹、华虫
末行左起：宗彝、藻、火、粉米

▲ 图66　皇帝吉服袍料
上的十二章纹
清代

---

① 王业宏.清代龙袍研究.北京：中国社会科学出版社，2016：142.

其中绘有白兔；星辰纹，即天上的星宿，以线连接圆圈形的星星组成；山纹，即群山，以色块组成山形；龙纹，为龙形；华虫纹，即一种雉鸟；宗彝纹，即宗庙彝器一对，分别绘以虎与猿；藻纹，即水草，为水草形；火纹，为火焰形；粉米纹，即白米，为米粒形；黼纹，为黑白斧形，刃白身黑；黻纹，如亚形、两弓相背或两兽相背。日月星辰，象征光明无私；山，象征众人所仰；龙，象征善于应变；华虫，象征华美文采；宗彝，象征勇猛智慧；藻，象征冰清玉洁；火，象征照耀光辉；粉米，象征洁白且能滋养；黼，象征做事果断；黻，象征背恶向善。十二种纹样反映了儒家的封建伦理道德、宗法礼制及民族意识观念。

3. 植物纹样——最具广泛寓意的载体

清代丝绸上的植物题材纹样异常丰富，包含广泛的花卉、果实等植物品种。这些植物纹样均围绕"吉祥"的主旨展开，有些采用谐音手法来表现吉祥，如佛手——福寿，有的采用象征的手法表现吉祥，如石榴——多子、牡丹——富贵，有的采用表号的手法来表现吉祥，如松柏——长寿等。

（1）花卉类纹样

清代丝绸纹样中的花卉，既有牡丹、莲花、菊花、梅花、芙蓉、海棠、桃花、绣球花等自然界的花卉，也有宝相花、瑞花、大洋花等人们创造出的花纹。这些花卉类纹样既可单独作为主题纹样，也可相互组合共同构成装饰题材。此外，花卉类纹样还作为其他纹样的辅纹出现。不论是在单层织物的绸、缎、纱、罗，还是在更为复杂的织锦、缂丝上，花卉类纹样均应用广泛。

1）宝相花纹。宝相花纹始盛于唐代，以牡丹花、莲花为主体，融合菊花、石榴花等多种花型构成，取义富贵、圆满。宝相花纹在唐以后并未绝迹，而是随着时代变迁有了新发展。唐代的宝相花多采用多面对称放射状结构组成圆形纹样，辽宋时期因为写实花卉的流行，宝相花纹样在织物上的使用明显减少，但其结构继续延续唐代样式，只是更为简洁，如以八个如意套环套成团窠环，其中再嵌以四瓣宝花作芯。到明代，宝相花的结构渐渐从放射状构成演变为四向对称结构，直至明清流行的左右两向对称的组织形式，且花头外轮廓形多数为近圆形，不再强求正圆形。唐代宝相花花瓣层次多，花瓣轮廓线较为柔和饱满，为多显牡丹雍容之状的牡丹型宝相花。明末清初的宝相花花瓣层次则多为两层或三层，外层多为带有尖角的勾卷状花瓣，多显莲花的庄重之感的莲花型宝相花[1]。清代丝绸织物上的宝相花（图67、图68）多采用左右对称的造型组织成近圆形纹样，花瓣二至四层不等。有的外层花瓣作勾卷状，内层花瓣有时为舒展的莲花花瓣，有时为层层勾卷的花瓣，花心部位多镶嵌桃心或如意头。宝相花作为主题纹样，有缠枝排列的也有散点排列的，宝相花还常与其他花卉及杂宝纹样配合出现。

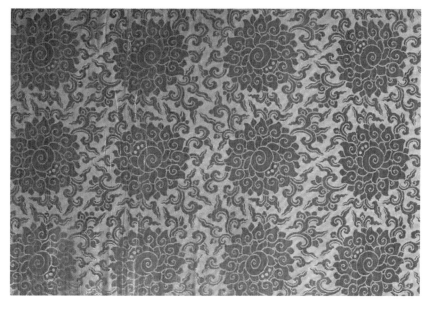

◀ 67 明黄色宝相花纹织金缎（局部）清代康熙时期

---

① 苏淼. 彼得大帝军旗所用中国丝织品研究. 上海：东华大学，2019：87.

▲▲ 图68　俄国步兵旗用缠枝宝相花纹缎及其纹样复原
明末清初

2）莲花纹。亦称荷花纹，莲花纹象征纯洁，随着佛教和佛教艺术的传入，自东汉始在装饰领域盛行。至宋代，在丝织物上已被频繁使用，常以写生花的姿态出现。清代莲花纹，既有写生自然之态的（图69），亦有装饰性造型的（图70、图71），自清初至清末均有以单独的缠枝莲，或缠枝莲与杂宝组合，或两种不同造型的折枝莲花散点排列等几种方式出现。清代晚期随着女装整枝花风格的流行，出现了自然写实的整枝莲花形象（见图34）。在清代丝绸织物上，除单用外，莲花纹还可配以其他花卉、动物等纹样组合形成吉祥图案。如道光时期杏黄色蝶莲牡丹纹线绸（图70）纹样以折枝莲花、折枝牡丹为主纹二二错排，间饰蝴蝶。光绪时期元青色缎地淡彩缠枝莲花纹绦（图71）则是将缠枝莲与梅、竹结合构成二方连续纹样。

▲图69　明黄色纳纱莲花纹单衬衣
清代

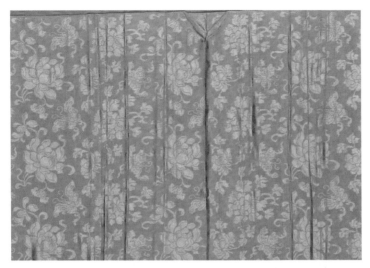

◀图 70　杏黄色蝶莲牡丹纹
线绸（局部）
清代道光时期

◀图 71　元青色缎地淡彩缠枝
莲花纹绦
清代光绪时期

3）牡丹纹。牡丹取义华贵，早在唐宋时即为丝织品上的常见纹样题材。清代丝绸织物上的牡丹纹，上承宋代生色花遗风，又有明式的端庄大气，以单独的缠枝牡丹、串枝牡丹或折枝牡丹，或缠枝牡丹、折枝牡丹作为主花再辅以其他装饰等形式出现（图72、图73、图74），缠枝或串枝的牡丹纹有富贵万年之意。牡丹纹除单独使用外，还常与宝相花、菊花等花卉搭配出现。清晚期，随着服装上整枝花的流行，独枝牡丹也颇为常见。如漳绒牡丹纹女短上衣（图75）的纹样，以独枝花枝干为骨架，主花为大朵的牡丹花，其间点缀石榴、桃花及寿桃纹。牡丹纹雕花绒短褂（图76）的纹样为几枝独枝牡丹，胸前、背后、两袖各一枝。牡丹花盛放在与之连接的枝叶之间，主要枝干由下生长出，这种造型的独枝牡丹纹有富贵根基之意。

▲ 图72　红地折枝牡丹纹闪缎（局部）
清代

◄图 73　满地五彩锦
清代

▼图 74　牡丹纹女短袍
清代

▲ 图 75 漳绒牡丹纹女短上衣
清代

▲ 图 76 牡丹纹雕花绒短褂
清末民初

4）菊花纹。菊花，取义长寿，如松菊组合象征延年益寿。菊花还与梅、兰、竹，并称"四君子"，是文人喜爱的装饰题材。菊花纹在提花、绣花等清代各类丝织品上均有使用（图77、图78）。《蚕桑萃编》记载，时兴花样有"大菊花""串菊枝枝菊""梅兰竹菊"的丝织纹样。菊花也同其他花卉组合构成吉祥纹样，如图78所示的起绒衣料上，菊花与牡丹、蝴蝶卐字纹组合在一起寓意福寿无敌。

▲▲ 图77　缠枝菊花纹绒缎毯料及其纹样复原
清代

▲图78　起绒衣料
清代

5）兰花纹。兰花为植物"四君子"之一，象征高洁、纯朴、贤德、高尚的品格。中国传统文化中，养兰、赏兰、绘兰、写兰被视为修身养性、陶冶情操的重要途径。清代兰花丝绸纹样多应用于衣料。图79、图80所示绣品上的兰花纹样均造型写实，对兰花的花头乃至根须都做了非常细致的刻画，配色大胆夸张，呈现出兰花高洁、俊雅、美好的形象，是典型的清晚期丝绸织物。

▲ 图79　缂丝兰花纹半正式女士马甲
清代

▶ 图 80　宝蓝地兰蝶纹妆花缎
马褂料（局部）
清代

6）梅花纹。梅瓣为五，民间借其表示福、禄、寿、喜、财之五福。梅开百花之先，独天下而春，亦有传春报喜的吉祥寓意。自宋代始，丝绸锦缎上极为流行的落花流水纹，即是以单朵或折枝形式的梅花（或桃花）与各种水波浪花纹组合而成[①]。清代丝绸织物上的梅花纹常常以冰梅纹的形式出现，不仅出现在匹料上，在绦上使用也颇多（图81、图82）。此外使用较多的纹样组合还有梅与松、竹组合的"岁寒三友"纹及梅与兰、竹、菊组成的"四君子"纹。

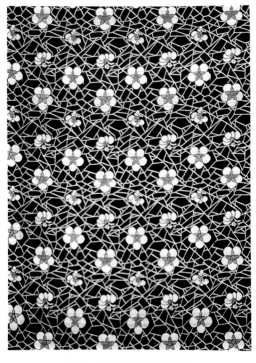

▲图81　黑色地冰梅纹锦（局部）
清代康熙时期

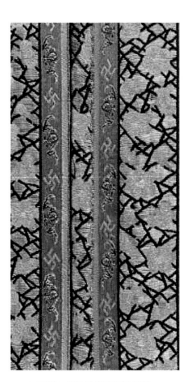

▲图82　金地冰梅纹绦（局部）
清代乾隆时期

---

① 陈娟娟.锦绣梅花.故宫博物院院刊，1982（3）：92-94.

7）葫芦花纹。葫芦谐音"福禄"，葫芦花有兴旺发达、锦上添花之意。丝绸上的葫芦花纹样均为散点排列，还常间饰八宝纹等。葫芦花呈十字样柿蒂状，花瓣边缘往往采用双层勾线，瓣内空心填充装饰纹样，花周为弯曲的葫芦藤。织有葫芦花纹样的传世丝绸多为清代嘉庆、道光、同治时期的织物（图83、图84、图85），可见葫芦花纹在清晚期较为多用。

▲ 图83 杏黄色葫芦花纹紫微缎灰鼠皮吉服袍
清代道光时期

◀ 图 84　葡灰色葫芦花八宝
云纹线绸（局部）
清代嘉庆时期

◀ 图 85　香色大葫芦花纹
绉绸（局部）
清代道光时期

8）藤萝纹。李白诗云："紫藤挂云木，花蔓宜阳春，密叶隐歌鸟，香风流美人。"藤萝枝条茂密，花穗下垂摇曳枝头，紫中带蓝，灿若云霞，颇有丰韵之姿。清代丝绸上的藤萝纹样（图86）主要应用在女装上，有藤萝散点排列的，也有串枝藤萝，还有蝴蝶飞舞在藤萝花间。清慈禧太后就有多件绣有藤萝纹的衣衫（图87、图88），如慈禧旧照上其所穿的三层刺绣花边夹袍，夹袍正身以缎地刺绣出藤萝纹，生动地刻画出紫藤优美的姿态和迷人的风采。藤萝纹在清代晚期较为多见，且多采用刺绣技法表现。

▲ 图86　雪灰色缎绣藤萝蝴蝶纹袷衬衣
清代

▲图 87　慈禧用藕荷色缎平金绣藤萝团寿纹袷衬衣
清代

▲ 图 88　清西太后慈禧旧照

9）大洋花纹。清中期，受欧洲装饰风格的影响，大洋花一类具有欧洲审美意趣的纹样（图89、图90、图91）应运而生。大洋花，此纹样之名，不仅限于花卉的形态元素，还包含卷叶、蕾丝、缎带等装饰元素。所谓大洋花纹，有以下几个特点：一是构成元素的西洋化；二是花瓣花叶常使用深中浅三色法表现；三是叶片的造型多为洛可可式的卷叶饰。鹅黄地大洋花纹缎匹料（图92）的大洋花纹为纬向整幅宽设计，主要纹样为中心位置的花卉，花卉两侧图案对称，局部织出蕾丝纹样，具有浓郁的西方风格。此类织物受西方艺术影响较大。中国生产的大洋花纹织物多由西方设计师设计，专为出口欧洲而生产。

▲ 图89　浅驼色大洋花纹妆花缎
清代乾隆时期

▲ 图 90　月白色洋花纹妆花缎
清代乾隆时期

▲ 图 91　驼色地大洋花纹金宝地锦
清代乾隆时期

▲▲ 图92　鹅黄地大洋花纹缎匹料及其纹样复原
清代

（2）果实类纹样

清代丝绸织物上的果实类纹样描绘的对象主要有石榴、桃子、葡萄、佛手等。

1）石榴纹。在中国，石榴因高产和多籽有丰收多子的象征意义，榴开百子纹在各类装饰领域均有应用。清代丝绸织物中的石榴纹样，常常是石榴与花卉、石榴与桃子组合出现：有石榴与桃子作为主要纹样，四周穿插小花的组合；有石榴与桃子作为主要纹样，空隙穿插杂宝的组合；也有桃子、石榴与某几种花卉同时作为装饰母题的设计。

2）桃子纹。桃子寓寿，在清代丝绸织物中常与其他吉祥纹样组合出现。如图93所示清晚期藏青色绒缎长褂的衣料纹样，折枝牡丹和对桃为主纹，体积较大，牡丹旁配蝴蝶，寿桃边饰蝙蝠，在两个主纹周围还有小枝的兰花、石竹花、菊花、梅花环绕。兰花、石竹花、菊花、梅花分别代表了春夏秋冬四季，与牡丹搭配通常寓意四季富贵；牡丹和蝴蝶单独组合则寓意富贵无敌；寿桃与蝙蝠搭配则代表福寿。因而整件衣服纹样寓意四季富贵无敌、多福多寿。

▲图93 藏青色绒缎长褂纹样复原
清代

3）佛手纹。佛手，因"佛"与"福"音似,故古人以佛手象征多福。佛手纹样在清代丝绸织物上有以折枝造型与石榴折枝搭配出现的；有作为多种果实之一组合成主纹样的；有作为花卉纹样的辅助纹样使用的；也有放置在果盘等器物纹样上的形式。清代道光时期明黄地佛手勾莲纹暗花纱纹样（图94）主题为佛手花卉纹，折枝以佛手为主题，枝干上长有花卉及叶片，枝条曲折，叶片卷曲，为清代后期的装饰造型风格[1]。

▲ 图94 明黄地佛手勾莲纹暗花纱纹样复原
清代道光时期

[1] 苏淼. 中国古代丝绸设计素材图系·暗花卷. 杭州:
浙江大学出版社, 2018: 57.

4）三多纹。石榴、寿桃、佛手同时出现在纹样图案中，为"三多纹"，寓意多子、多福、多寿。如意三多纹雕花绒褂料的纹样（图95），由三多纹构成团花纹样，散布褂身。在三多纹基础上再配以蝙蝠、寿字等纹样，则为福寿三多纹。清雕花绒马甲的衣身纹样（图96），主题为福寿三多，在以石榴、寿桃、佛手组合的三多纹周围装饰以团寿纹和蝙蝠纹。

▲▲ 图 95　如意三多纹雕花绒褂料（局部）及其纹样复原
清代

▲ 图 96　雕花绒马甲纹样复原
清代

5）葡萄纹。葡萄的形象从汉代开始在织物上出现，于唐代开始在各装饰领域广泛应用。葡萄纹取其果实累累、丰收之意。清代丝绸织物上的葡萄纹有单独的葡萄枝叶与果实纹样，也有葡萄藤蔓上攀有松鼠的形式，寓意多子多福。这种松鼠葡萄纹从康熙年间开始流行（图97、图98）。此类中国丝绸纹样还见于俄罗斯艾尔米塔什博物馆藏17世纪90年代的彼得大帝长袍（图99）上，该长袍面料为中国清代输出至俄罗斯的暗花缎。

▲ 图 97　葡萄松鼠纹暗花纱门帘（局部）
清代康熙时期

▲ 图 98　葡萄松鼠纹妆花绸（局部）
清代乾隆时期

▲▲图99 彼得大帝长袍及面料（局部）

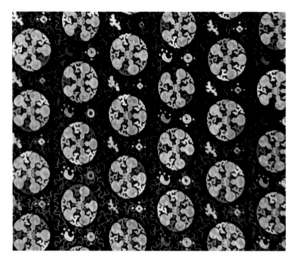

▲图100　宝蓝色五湖四海团寿纹妆花缎（局部）
清代光绪时期

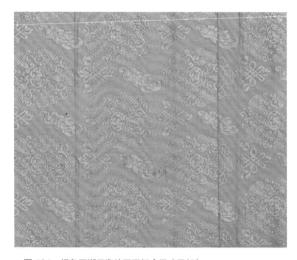

▲图101　绿色五湖四海纹回回织金缎（局部）
清代同治时期

6）葫芦纹。葫芦造型饱满、曲线优美，被视为喜气祥和、和谐美好、驱灾辟邪、子孙兴旺的吉祥之物。葫芦又因谐音"福禄"，有富贵、福气之意。民间有在居室中悬挂红绳串系五个葫芦的习俗，意为"五福临门"。在清代丝绸织物中，五个葫芦常常旋转形成团纹，为五湖四海纹（图100、图101），单个的葫芦还常伴随喜字、寿字出现。

7）果实组合纹样。丝绸纹样中常有多种果实组合纹样，如将大小基本相等的佛手、南瓜、莲蓬、荔枝、桃子、石榴、琵琶等果实类纹样安排在同一画面中散点排列，形成硕果累累的丰收景象；还有多种果实与花卉的组合纹样，如清代木红色绒缎马面裙的马面下部图案（图102），有桃子、瓜瓞、葡萄等瓜果纹样，还有牡丹、菊花、蝴蝶等纹样，周围还有兰花等不同种类的小花补充装饰，寓意子孙绵绵、长寿富贵。

▲ 图 102　木红色绒缎马面裙
清代

（3）其他植物纹样

除花卉与果实外，其他植物如蔓草、灵芝、松树、竹子等也是清代丝绸上常用的主题纹样题材。

1）蔓草纹。蔓草纹是以花叶、草为题材，将之装饰图案化的纹饰。蔓草纹在隋唐时有"唐草"之称，因它连绵不断的造型特点，又因蔓为带状，"蔓带"谐音"万代"，被赋予了连绵不绝的吉祥内涵，蔓草纹在元代至清代一直较为流行。清《江国垂纶图》包首用四合蔓草纹锦（图103）以四合蔓草纹为主题纹样，蔓草纹中心填饰小团花，单元纹样间以几何形连接。清代乾隆时期绛色蔓草牡丹纹暗花缎匹料的纹样（图104）是以蔓草纹为地，其上以团窠开光内填牡丹。蔓草叶片宽阔，装饰性强，牡丹团花枝叶茂盛、花瓣丰盛，蔓草牡丹纹有富贵万代之意。

▲ 图103 《江国垂纶图》包首用四合蔓草纹锦（局部）
清代

▲ 图104 绛色蔓草牡丹纹暗花缎匹料纹样复原
清代乾隆时期

2）灵芝纹。灵芝，古称为仙草，为延年益寿的良药，故为吉祥、长寿的象征。灵芝纹样的表现到了明代已程式化，外廓基本为倒三角形，左右对称，两边各有一个涡卷，状如如意，明显受明代如意云造型的影响。在清代丝绸纹样中，灵芝纹样有单独出现的情况，但大多是与竹叶、梅花等其他纹样搭配出现。如清紫色灵芝竹叶纹暗花绸匹料（图105）纹样为万寿灵芝竹叶纹，织有灵芝、竹叶、水仙、寿字纹，布端有"耕织图"织款。

3）松纹。松树是长寿的象征，在中国的传统文化中代表高尚的品格和气节。清代丝绸上的松树常常仅以三四个球形松针一组的形态出现，不一定描绘枝干。松纹常与梅、竹纹组成"岁寒三友"纹饰。

▲▲ 图 105　紫色灵芝竹叶纹暗花绸匹料及其纹样复原
清代

4）竹纹。竹经寒冬而枝叶不凋，为"岁寒三友"之一；竹成长快且筋节多，又喻子孙众多。清代丝绸上的竹子纹样有整枝竹式的表现（见图33），有突出竹枝条的表现（见图105），也有仅突出竹叶的造型，以三、四片竹叶组合的形式作为辅助纹样，或点缀在枝条上，或装饰在花头旁。

5）植物组合纹样。除上述植物种类外，清代丝绸上的植物纹样还有许多。特别是多种植物组合的纹样在以"吉祥"为设计主旨的清代纹样中非常多见，有两种、三种、四种及以上植物的组合。两种植物组合的有莲花与牡丹的组合、莲花与梅花的组合、牡丹与宝相花的组合、牡丹与菊花的组合、牡丹与桂花的组合及竹子与梅花的组合等。清代晚期绿色雕花绒短褂（图106）由多块绒料拼接而成，主要纹样是衣身上的竹梅纹，为一株梅花和一竿竹子相依而立，呈开枝散叶状，竹子与梅花组合寓意春报平安。牡丹桂花纹雕花绒衣料（图107）主纹为牡丹和桂花，且为同株连枝，有富上加贵之意，寓

▲ 图 106　绿色雕花绒短褂
清代

意天香富贵。三种、四种植物组合如松、竹、梅的岁寒三友纹，梅、兰、竹、菊的四君子纹以及石榴、桃子、佛手的三多纹等。四种及以上植物组合的一年景纹样则是从宋代开始就非常流行的，"靖康初，京师织帛及妇人首饰衣服，皆备四时。如节物则春幡、灯毬、竞渡、艾虎、云月之类，花则桃、杏、荷花、菊花、梅花皆并为一景，谓之一年景"。清代这种纹样更是得到了广泛的应用。它一般是由不同季节的花卉或植物搭配而成，主要有四季花、四季花与蜂蝶、四季植物与杂宝纹样等几种组合形式。

▲▲ 图 107　牡丹桂花纹雕花绒衣料及其纹样复原
清代

更多种植物组合而成的纹样比比皆
是，像牡丹、菊花、松、竹、梅的组合，
灵芝、竹、菊花的配合等。这类元素在搭
配出现时，常采用折枝式造型，散点布局。
如富贵五友纹彩纬绒毯（图108），织物
上共有五株不同的花，依次是莲花、牡丹、
菊花、竹梅、兰花。在中国传统文化中，梅、
兰、竹、菊、莲分别代表着清、正、廉、雅、傲，
亦称为"五友"。五友纹在此件绒毯上与
代表富贵的牡丹一起，有富贵五友的寓意。
清绿缎绣五彩花卉纹便服袍料（图109）
的纹样为"百花纹"，百花纹指以牡丹花、
芙蓉、莲花、菊花、水仙等数种花卉构成
的纹样。汇集各种花卉的百花纹，以花枝
簇拥，蔓草与枝叶穿插，形成一派富贵繁
荣的景致，喻为许多美好事物同时出现的
吉祥之兆①，多用于女性服饰。

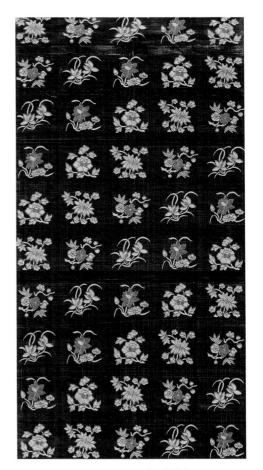

▲图108　富贵五友纹彩纬绒毯
清代

---

① 汪芳.中国古代丝绸设计素材图系·锦绣卷.杭州：
浙江大学出版社.2018：8.

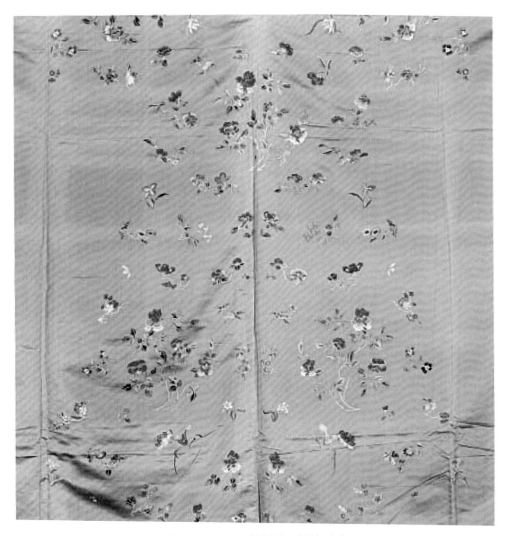

▲ 图 109　绿缎绣五彩花卉纹便服袍料（局部）
清代

▲图110　团鹤纹雕花绒马甲
清代

▲图111　鹤鹿同春纹雕花绒马甲
清代

4.动物纹样——灵动的美好之物

除前述反映宗法礼制与阶级地位的龙凤补子等纹样外，清代丝绸纹样中常用的动物题材纹样还有仙鹤、马、松鼠、鱼及蝴蝶等。这些承载着美好寓意的生灵，为清代丝绸纹样增添了灵动之彩。

（1）仙鹤纹。在中国传统文化中，鹤为仙禽，比喻长寿，蕴含延年益寿之意，是清代丝织品上常见的动物题材（图110），仙鹤纹有云鹤纹、松鹤纹、团鹤纹、鹤鹿同春纹等。鹤鹿同春纹雕花绒马甲（图111）的主题纹样为一幅圆形小景，圆内左下角为一只立鹤，右侧为一只口衔仙草的梅花鹿，下方是山水纹样，左上为亭，右上为松树，形成了一个完整的团纹，且"鹿"与"禄"同音，因此整个纹样有福禄长寿的吉祥寓意。仙鹤纹还有一些更具有内涵与意境的设计表现，如漳绒芭蕉鹤纹男上衣（图112）纹样中，鹤纹被定位织于上衣的前胸与袖上，在芭蕉的舒展扶疏下，傲立的鹤翘首回眸，花、草、石陪衬烘托。芭蕉寓意高雅清玄，是文人画的常见题材。

▲▶ 图 112　漳绒芭蕉鹤纹男上衣及其纹样复原
清代

（2）马纹。马匹是古代重要的交通运输和战争工具，在古代政治经济生活中具有不可替代的作用。马又是能力、圣贤、人才的象征，如用"千里马"比拟人才。而龙马精神亦是中华民族自古以来所崇尚的奋斗不止、自强不息、进取向上的民族精神。湖色地琐纹赤兔匣锦（图113），为《流民图》的包首部分。赤兔，为古代中国的名贵战马。该匣锦纹样以深湖蓝色为地，琐纹地上织有赤兔纹与白色卐字纹，一大一小主题纹样两两错排、布局有序，具有节奏感。

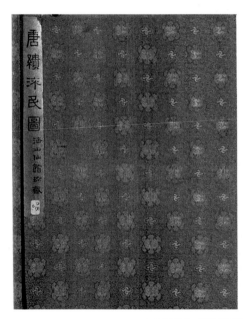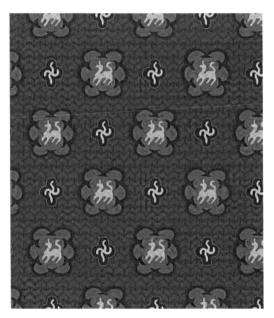

▲▲ 图 113　湖色地琐纹赤兔匣锦（局部）及其纹样复原
清代

（3）鱼纹。因鱼谐音"余"，民间有"富贵有余""金玉满堂"等吉祥寓意，双鱼纹样还有指代男女恩爱的浪漫含义。在清代的丝绸纹样中，双鱼、"吉庆有余""连年有余"等纹样均为常用样式。墨绿色吉庆双鱼纹织金妆花缎（图114）的主要纹样是戟、磬与双鱼构成的吉庆有余纹样，其纹样色彩艳丽、造型精致，有浓浓的喜庆氛围。深蓝色地杂宝纹织金缎（图115）纹样为杂宝纹和鱼纹。这里的鱼纹表现为腾跃的鲤鱼，点缀以水浪。鲤鱼纹为常见的中国传统吉祥纹样。民间有"鲤鱼跳龙门"的俗语，寓意逆流进取、奋发向上。

▲图114　墨绿色吉庆双鱼纹织金妆花缎（局部）
清代

▲图115　深蓝色地杂宝纹织金锦（局部）
清代

（4）蝴蝶纹。蝶谐音"耋"，象征吉祥长寿，是传统丝绸服饰上运用较普遍的昆虫纹样。蝴蝶纹在清代宫廷和民间织绣品中应用都很广泛，不仅单独作为主题纹样，还大量用于花卉纹样的辅纹。花蝶绵绵、蝶恋花等题材的纹样还有夫妻和美之意。清代漳绒蝴蝶纹女上衣（图116）面料为漳绒，以红色为地，以蝴蝶纹为花。此蝴蝶纹采用写实手法，以不同姿态与不同方向相配合，表现出蝶舞飞动的造型，以散点而均匀的空间布局，散落在女装的大身上，构成灵动的百蝶纹。清代晚期的后妃便服上有一类花蝶纹样很常见，即正身面料上彩绣有左右基本对称构图的蝴蝶与花卉，且蝴蝶与花卉大小基本相同（图117）。慈禧太后旧照（图118）中可见慈禧所着氅衣的正身面料上就为典型的晚清花卉蝴蝶纹式样。

▲图116　漳绒蝴蝶纹女上衣
清代

▲图 117　绛色缎绣牡丹蝴蝶纹袷氅衣
清代

▲图 118　清西太后慈禧旧照

▲ 图 119　云蝠纹漳绒料纹样复原
清代

▲ 图 120　福寿万年纹红绿彩纬绒缎纹样复原
清代

（5）蝙蝠纹。"蝠"因谐音"福"，有了吉祥的寓意。目前可见服饰上最早使用蝙蝠纹样的实例为明代万历皇帝的一件缂丝衮服。清代织绣品上的蝙蝠纹比较普遍，但不同时期的蝙蝠造型有所变化。康熙时期的蝙蝠身子两头尖呈枣核状，翅膀较为细长，有髭须。雍正时期的翅膀卷曲的蝙蝠造型增多。乾隆时期的蝙蝠身子呈椭圆形，翅膀变短。嘉庆时期之后的蝙蝠身子更胖，翅膀更短，形态近圆。织物上的蝙蝠纹常常与云纹、卍字纹、寿字纹等搭配出现，构成如云蝠纹、万蝠纹等纹样。图 119 所示漳绒料以云蝠纹为主题，采用细密的线描云纹作地纹，其上间隔排列蝙蝠纹样。清代雍正时期福寿万年纹红绿彩纬绒缎织料（图 120），则以红色的缎纹为地，用绿色绒经起绒，割绒形成卍字纹的地，然后又在卍字不断头的地纹上用黄色丝线作为纹纬，织出蝙蝠纹样。这种万福纹还常与寿桃纹样搭配，寓意福寿万年。

5. 自然物象纹样——天人合一意境的代表

自然物象纹样，体现了古人天人合一的思想，追求与自然共融、与宇宙共生的境界。清代丝绸纹样所用的自然物象纹样主要是云纹和水纹。人们将自然界的云朵、流水进行形态上的装饰变形与归纳，从而形成了几种固定的装饰样式。

（1）云纹。织物上的云纹兴于汉，从汉代的云气纹、唐代的朵云纹等发展到明代有了典型的程式化特征，如四个涡卷形斗合而成的云头，为四合如意云。清代丝绸上的云纹一是云纹单独作为主题纹样，有连云和朵云等造型；二是云纹作为主题纹样，间饰八宝、杂宝等小型纹样；三是云纹作为龙、凤、仙鹤等纹样的辅纹出现。随着时代的发展，清代丝绸上的云纹造型有所变化。清代前期云纹有部分继承了明代如意云的造型（图121）。顺

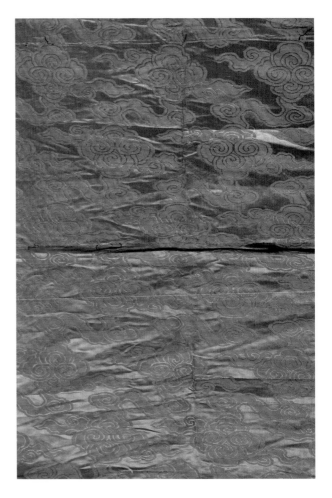

▲ 图 121　云纹暗花缎
清代

治时期以簇云和朵云为主，云头较为饱满。清代初期石青色雕花绒地刺绣龙袍料的纹样（图122）元素只有一个二合如意云，云纹由两个如意云头相对，四周装饰细长云尾。康熙时期，大云纹和四合如意云继续使用，但串云的运用多了起来，与卧云、勾云、朵云相互组合逐渐形成新的造型，云躯由水平或竖直改变了角度，有蜿蜒之势，形成了"壬"字云（图123）。雍正时期云纹造型以小团簇云、枝状云为主，形态较为拘谨，"壬"状云动感强，并逐渐向大枝状云过渡，云头多有瘤节样造型。此后，枝状云的使用较多，乾隆时期最有特色的云纹就是枝状云，形态各异，枝条流畅。蓝缎地盘金彩绣云蝠寿字纹零料（图124）以蓝色素缎为地，以盘金绣技法绣出长远寿、团圆寿两款寿字和蝙蝠，并以浅蓝丝线、金线绣出细长的枝状云，寓意幸福长寿。嘉庆、道光时期之后，云头变小且更为密集，云纹多成簇分布，显得更为细小呆板[①]。

▲ 图 122　石青色雕花绒地刺绣龙袍料纹样复原
清代初期

---

① 　王业宏.清代龙袍研究.北京：中国社会科学出版社，2016：224-229.

▲▲ 图 123　缂丝鸂鶒纹补
清代

▲ 图 124　蓝缎地盘金彩绣云蝠寿字纹零料
清代

（2）水纹。在清代丝绸织物上，水纹主要有两种模式。一种水纹是延续明代流水样的造型，主要作为花卉纹样的辅助纹样，或构成主题纹样的背景，如落花流水纹的水纹造型。常见的落花流水纹也有两类，一是水波的形状如扇形、错位排列后呈鱼鳞状，水纹上散点排列朵花或折枝花；二是水波表现为波浪状线条，波纹之上漂荡着朵花。另一种水纹是清代补子、袍服下摆上使用的海水江崖纹（图 125、图 126）。以山石波浪，刻画出海水、浪花、山石宝物等纹饰，形成海水江崖纹，象征绵延不断的吉祥含义，寓意"一统山河""万世升平"。这里海水的造型有平水和立水。平水在江崖之下，呈波浪状，时有旋涡、浪花，可穿插八宝或杂宝等吉祥纹饰。平水之下是立水，一般是由五种色彩的斜向直线条或弯曲线条构成。

▲ 图 125　纳锦绣白鹇纹圆补
清代

◀图 126　刺绣团花袍料
清代

6. 杂宝器物纹样——珍宝博物丰裕之兆

清代丝绸织物上的器物纹样亦很丰富，有各种传闻中的奇珍异宝、古玩神器，也有书画杂物，具体表现为杂宝纹、八吉祥纹、暗八仙纹、博古纹、灯笼纹等。

（1）杂宝纹。杂宝类的纹样出现在织物上始于辽宋时期，从元代开始杂宝纹样完全脱离了宗教意味，成为一种单纯的装饰纹样，穿插在花卉或几何纹样之间。明清时期，特别是清代以后杂宝纹元素更加丰富自由，杂宝除了传统的犀角、银锭、火珠、火焰、火轮、法螺、珊瑚、双钱等，又加入了许多博古、暗八仙、八吉祥的纹样元素，如磬、戟磬、玉环、如意、书、笙、葫芦、宝剑、扇、龟背、法轮、法螺等（图115、图127）。清代杂宝纹样之杂，正体现出多民族融合、多宗教信仰及宗教的民间传播和世俗化的特征。通常杂宝纹样在使用时可择任意数量使用，当择八种杂宝使用时，也可称为八宝纹。

▲图 127　方格花卉杂宝纹闪缎
清代

（2）八吉祥纹。八吉祥纹是藏传佛教的吉祥纹样，又称佛八宝纹。八吉祥纹包括法轮、法螺、宝伞、华盖、莲花、宝罐、金鱼、盘长八种纹样。清代丝织品中的八吉祥纹已成为中国吉祥纹样的符号之一，是宗教世俗化的体现。丝织品中的法轮纹样象征代代相续、生命不息；法螺纹样象征名声远扬；宝伞纹样象征威望与张弛自如；华盖纹样象征胜利；莲花纹样代表纯净；宝罐纹样象征毫无缺漏、福智圆满、永生不死；金鱼纹样象征解脱及复苏、永生、轮回；盘长纹样象征回环贯通。丝织品上的八吉祥纹在使用时可全部出现也有部分应用（图 128、图 139）。清代同治时期琐地瓣窠八吉祥纹锦（图 128），以几何形的六出琐文图案为地，地上显瓣窠八吉祥纹。

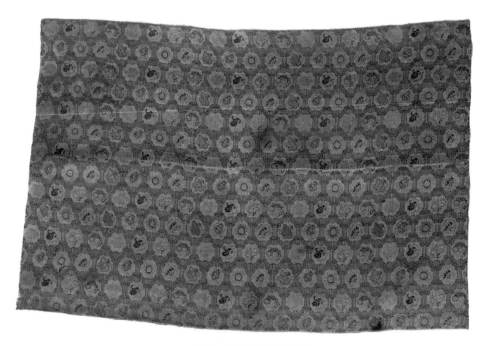

▲ 图 128　琐地瓣窠八吉祥纹锦
清代同治时期

（3）暗八仙纹。以道教传说中八仙所执法器作为纹样来借代八仙，称为暗八仙纹。以扇子代汉钟离，以宝剑代吕洞宾，以葫芦代李铁拐，以阴阳板代曹国舅，以花篮代蓝采和，以渔鼓或拂尘代张果老，以笛子代韩湘子，以荷花、荷叶或笊篱代何仙姑。清代丝织品上以此八种器物作为服饰上的吉祥纹样（图129），用以寄托美好愿望，也体现出民间对宗教的态度，亦是宗教世俗化的表现。暗八仙纹于清代康熙时期开始流行，一直到民国。雪青暗八仙纹绸马甲（图130）的绸心纹样为散点排列的暗八仙纹，纹间满饰勾线祥云，其袖窿、门襟、底边各镶三道边，中间一道有花卉与八吉祥纹（盘长、华盖、法螺、法轮）相间图案。

▲ 图129　红色八仙庆寿纹暗花漳绒匹料（局部）
清代光绪时期

◀图 130　雪青暗八仙纹绸马甲
晚清—民国

（4）万代纹。清晚期，雕花天鹅绒衣料上开始流行一种以缎带为形的纹样，具体表现为卍字纹、盘长纹、杂宝纹、八吉祥纹、暗八仙纹、寿字纹等缀以飘动的缎带。卍字纹、盘长纹都有绵延之意，加之缎带，更有绵延万代的含义。杂宝纹、八吉祥纹等与缎带配合则有富贵吉祥万代之意。深绿地漳绒盘长纹男衫（图131）面料采用漳绒工艺织出黑色丝绒盘长纹。盘长纹不仅是八吉祥纹样之一，还单独被称为吉祥纹、如意结，它取自绳结形，没有头与尾、连绵不断，因而在民间寓意家族兴旺、子孙延续，此盘长缎带图案即为典型的如意吉祥万代纹。

▲ 图 131　深绿地漳绒盘长纹男衫
清代

▲图 132　博古纹织锦袖头
清代

▲图 133　博古纹绒毯
清代

（5）博古纹。宋徽宗命王黼等编绘宣和殿所藏之古器，成《宣和博古图》三十卷。后人将此图所绘的瓷、铜、玉、石等各种古器物的图像，叫作"博古"。后来，凡鼎、尊、彝、瓷瓶、玉器、书画、盆景等被用作装饰题材时，均称博古。据说织物上的博古纹源自明代，在清康熙时期甚为流行。清代丝绸上的博古纹主要以古代器物形象出现，包括瓷器、铜器、玉器等器物及其中所插的古书、古画或点缀花卉果实之类。图132所示的两件织锦袖头的浅色部分由八枚正反缎织出博古纹样，一端还织有山林亭子小景纹。博古纹绒毯（图133）的中心为柿蒂窠，窠内为四样博古纹和圆鼓纹样，窠外分列宝瓶、盆景、摆件等博古纹。另一件清代挂帘则是在纱地上刺绣出十四组博古纹（图134）。

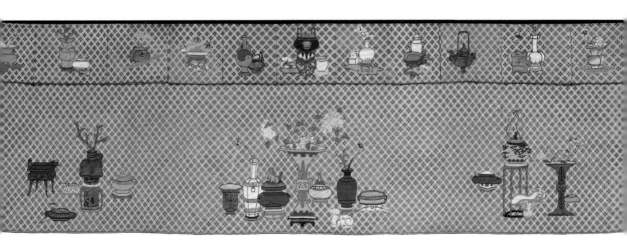

▲ 图 134　博古纹挂帘
清代

（6）灯笼纹。灯笼为民间庆丰收和节日常用器物。使用灯笼纹的丝绸织物在宋元时被称为"天下乐晕锦"或是"天下乐锦"。此类锦是宋代蜀锦的高档产品，宋代服制规定只有皇亲、大将军以上才能穿用。灯笼纹锦在明清时一直沿用生产。蓝地灯笼锦纹样（图135），以重复的灯笼形横向与纵向排列，以细致的内饰塑造灯笼，蓝地与艳丽的灯笼色彩形成明亮的对比，呈现出喜庆热闹的气氛。图136所示织物为清代典型的灯笼纹锦，其石青色地上的彩色灯笼纹，由十二个如意头构成灯笼外廓，填以几何纹和小花纹，灯旁悬结谷穗，穗上饰以卍字纹、蝙蝠纹、双钱纹，灯笼间饰红色牡丹花。这种张灯结彩的织锦，又名"天下乐""庆丰年"，寓意五谷丰登、富贵万福[1]。清代"（皇后）采帨，绿色，绣文为'五谷丰登'"[2]，五谷丰登纹即灯笼纹、五谷纹与蜜蜂纹同时出现。

▲图135　蓝地灯笼锦纹样复原
清代

▲图136　灯笼锦
清代

---

① 汪芳.中国丝绸素材设计图系·锦绣卷.杭州：浙江大学出版社，2018：141-142.
② 赵尔巽，等.清史稿（第十一册）.北京：中华书局，1976：3040.

除以上几类最为多用的器物纹样外，清代还有许多杂物器件被织绣在丝绸之上，如乐器纹等。清代光绪时期湖色地织青折枝花乐器纹漳缎（图137），以绒经起花，织出花卉乐器纹，可见小号、鼓等乐器，与折枝花一起散点排列，营造出热闹欢庆的气氛。

▲ 图137　湖色地织青折枝花乐器纹漳缎（局部）
清代光绪时期

7. 文字纹样——直抒胸臆的表达

除物勒工名的织款部分外，清代丝织品的面料正身上常用的文字纹主要有汉字的福、寿、喜等。清代前期还有把满文织入经纬之例，如清代雍正时期明黄色团龙满文字纹织金缎（图138）上的团龙是由双龙戏珠纹作圆环状，环内织就满文，环外饰如意云纹。

（1）寿字纹。"寿"字是中国吉祥纹样的重要主题，在明清时期使用很多，并形成了多种不同的艺术形态，甚至还将不同字体的"寿"字集合在一起构成百寿图。清代丝绸织物上的寿字纹主要有圆寿和长寿两种形态（图139、图140、图141）。"（皇后）朝裙，冬用片金加海龙缘，上用红织金寿字缎"[1]，光绪时期红色地八吉祥长圆寿字纹织金锦（图139），主纹为圆寿和长寿交替排列，间饰八吉祥纹。圆寿与长寿还常与蝙蝠、龙凤、羊、杂宝、祥云等纹形成团窠等各种形式组合（图140、图141）。其中与蝙蝠配合形成"五福捧寿"的团寿纹使用最多，一件雕花绒料残片（图142）的团窠中间为篆体"寿"字，外圈环绕五只蝙蝠，蝠与"福"同音，常与"寿"字一起，组成寓意福寿的经典吉祥纹样。

---

① 赵尔巽，等.清史稿（第十一册）.北京：中华书局，1976：3040.

▶ 图 138　明黄色团龙满文字
纹织金缎（局部）
清代雍正时期

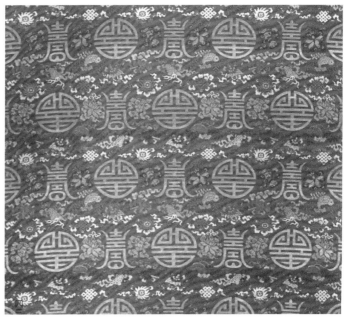

▶ 图 139　红色地八吉祥长圆寿字
纹织金锦（局部）
清代光绪时期

▲ 图 140　明黄色团龙寿字纹织金缎
清代光绪时期

◀图 141　绿地万寿蝠纹妆花缎残片
清代

▶图 142　五福捧寿纹雕花绒料残片
清代

（2）喜字纹。清代丝织物上的喜字有单喜和双喜，双喜字一般为皇室大婚所用。石青色绸绣百团龙凤双喜字纹龙褂（图143）所饰八团图案为龙凤及双喜字构成的团窠，配色富丽华美，应为皇后大婚时所用。清代同治时期杏黄地团荷花双喜字纹暗花江绸使用同色经纬纱线，在三枚斜纹地上以六枚斜纹显花，织出团荷花双喜字纹（图144）。团窠主要元素为一株大荷花从下方向上长出，花托双喜字，周围环绕四朵荷花和荷叶，造型优美。纹样寓意喜事连连、夫妻和美。

▲ 图143　石青色绸绣百团龙凤双喜字纹龙褂
清代

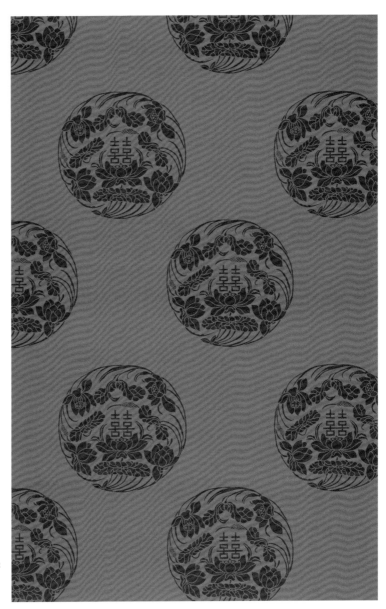

▶ 图 144　杏黄地团荷花双喜字
纹暗花江绸纹样复原
清代同治时期

8. 人物纹样——世俗情境之画

清代丝绸上的人物纹样按照主题可分两类：一类描绘传说、神话以及小说、戏曲故事等，如群仙祝寿、仙人跨鹤、福禄寿三星等贺寿主题纹样，还有西厢记、白蛇传等戏曲或故事情节主题纹样；一类反映现实人物生活情境，如百子婴戏、渔樵耕读、山水游园等描绘风土人情的纹样。

（1）群仙祝寿。贺寿是人物纹样在织绣品中的常见主题。群仙贺寿描绘的是群仙在瑶台为王母祝寿的场面，一般织或绣在较大的织物上，如挂轴、帐幔。缂丝《群仙祝寿》（图 145），用缂丝技艺织出八仙、寿星及其他仙人或等于瑶台，或采灵芝，或渡桥，或骑鹿前行，王母则在仙女的陪侍下骑凤而来的场景。山石云水，仙境仙人，场面宏大。类似构图的织绣题材还有缂丝《瑶台百子祝寿》（图 146）等。

▲ 图 145　缂丝《群仙祝寿》
清代

▲ 图 146　缂丝《瑶台百子祝寿》
清代

（2）仙人跨鹤。清代黄色寿星跨鹤纹雕花绒挂毯（图147）
主题纹样的中心为寿星驾鹤而行，四周云气环绕，蝙蝠飞舞，四
角有莲花角饰，整个画面饱满平衡。莲花、蝙蝠与寿星形象共同
体现祈福贺寿的主题。

▲图147　黄色寿星跨鹤纹雕花绒挂毯
清代

（3）百子婴戏。清代是百子婴戏纹样应用的高峰期。百子婴戏纹表达了人们对多子多孙的美好祝福。该题材通过织绣运用在婚礼挂账、被面（图148）、桌帷（图149）、门帘、挂轴（图146）、垫料（图150）和女衣等物上。百子婴戏主题中的童子姿态多种多样，常见的有童子抚琴、赏画、射乐、采莲、观鱼、捉迷藏、扑蝶、摔跤、杂耍、斗蟋蟀、放鞭炮、放风筝、骑竹马等，富有童趣。

◀图148　百子图蜀锦被面匹料（局部）清代

▲ 图 149　大红万蝠绸圈金彩绣大窠婴戏图桌帷
清代

▶ 图 150　红缎绣五彩百子娱乐垫料
清代光绪时期

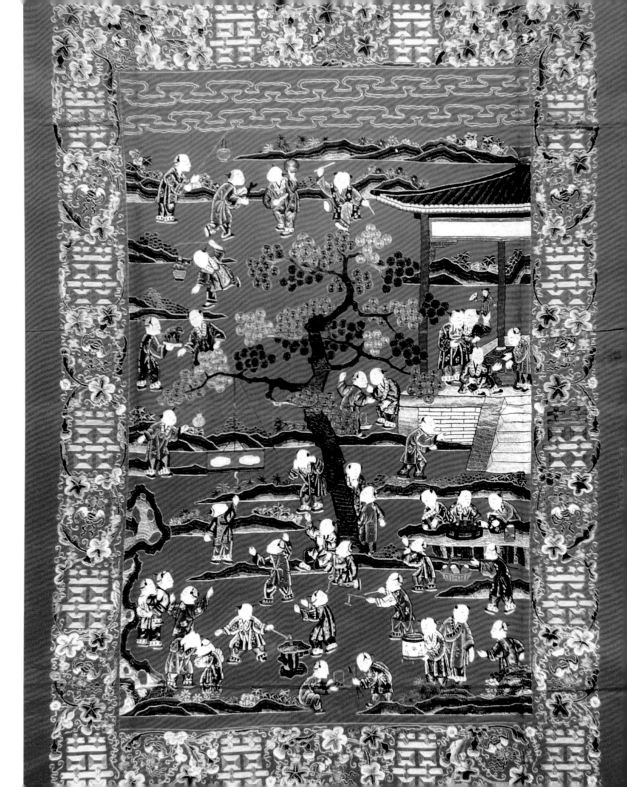

（4）渔樵耕读。渔樵耕读纹样表现的是农耕社会中四种比较重要的职业，分别由代表渔夫、樵夫、农夫、书生的四种身份的人物形象构成。传说这四种职业都有其代表性人物：渔指东汉严子陵，樵指汉武帝时期朱买臣，耕是教民众耕种的舜，读则是埋头苦读的苏秦。后来渔樵耕读也成为官宦退隐生活的一种象征。一件雕花绒料残片（图151）的主纹为渔樵耕读纹团窠，团窠外饰有多种造型的梅兰竹菊折枝。窠内安排

▲图151　雕花绒料残片（局部）
清代末期

有船上垂钓、树下负柴、田间耕作和檐下读书的人物形象，通过与树荫、水草组合为完整的团纹。清代渔樵耕读纹雕花绒短褂（图152）纹样则是一幅平铺的情景画卷，整个画面由多个情景单元构成，整件衣服中既有渔樵耕读的典型人物形象，又加入了牧童、仙鹤、梅花鹿、亭台、小桥、大树等形象，与渔樵耕读的主题呼应，带有出世退隐、寄情山水的含义。

▲ 图 152　渔樵耕读纹雕花绒短褂
清代

（5）人物风景。清代起时有将人物风景纹织入或刺绣于织物上的设计。清代马面裙有不少此类案例，如人物风景纹织锦裙面（图153）纹样，画面自下而上，先有三位老者缓行于拱桥之上，继而是一男子撑船游行于波光粼粼的水面，再有一座华丽的楼阁建筑，旁边春风吹酒旗，顶端则是云纹缭绕，远处亭台楼阁，俨然一幅山水画。另一件风景纹织锦裙面（图154）表现的则是小桥流水、游人泛舟的江南风景。

清代刺绣品上也大量出现人物风景纹，特别是小件绣品，也有少数大件衣物，其纹样多为对戏曲人物、小说故事的表现。缎地彩绣戏曲人物故事纹团褂（图155）正身面料以草绿色百蝶纹暗花缎为地，彩绣八个团窠的戏曲人物故事纹，配以花卉、仙鹤、孔雀、蝴蝶等纹样。桃红纳纱绣二十四孝故事纹夹坎肩（图156）的衣身前后纳绣舜耕历山、董永葬父、郭巨埋儿、孟宗哭竹、王祥卧冰、王裒闻雷泣墓等二十四孝故事，每个故事都有艳丽的配景，间隔处彩绣山水花木亭阁[①]。在清代外销绸中，反映当时中国风土人情的主题备受欢迎，如刺绣外销绸墙布和各类工艺品。清代白缎地彩绣人物伞（见图36、图157）为清代外销工艺品，伞面为缎地刺绣，由伞骨自然分隔成八个块面，每幅自成画面，分别刺绣庭院教子、忽得任命、升官发财、灵猴献瑞、猎虎有功、仕途升迁、官至一品、荫庇三代等故事。

---

① 扬之水．中国国家博物馆藏清代首饰服装知见录．中国国家博物馆馆刊，2018（10）：126-146.

▲ 图 153　人物风景纹织锦裙面
清代

▲ 图 154　风景纹织锦裙面
清代

▲ 图 155　缎地彩绣戏曲人物故事纹团褂
清代

▲ 图 156　桃红纳纱绣二十四孝故事纹夹坎肩
清代

▶ 图 157　白缎地彩绣人
物伞（局部）
清代

▲图 158 大红绣花旗服
清代

（三）图案布局

清代丝绸图案的布局，也就是图案的结构，可分为单独纹样与连续纹样两大类。单独纹样有独幅纹样与适合纹样之分，连续纹样包括二方连续与四方连续纹样。

▲图 159 红缎地彩绣肚兜
清代末期

1. 单独纹样

单独纹样是以一种或多种纹样元素在织物上进行无单元循环的独立构成形式。其组织形式有自由式——独幅纹样、适合式——适合纹样两种。单独纹样在清代应用甚广，大至挂帐、被面，小到香囊、扇套等，从衣物到陈设品均有涉及。

（1）自由式。以独幅形式较为自由地安排在画面上的为独幅纹样（图158、图159）。如大红绣花旗服（图158）的正身图案为一枝花卉自下而上生长，花下青草依依，花枝茎叶完整，这正是清末女装上流行的独枝花样子。末代皇后婉容留下的影像中也有其穿用独幅纹样的形象（图160、图161）。

▲ 图 160　末代皇后婉容常服照

▲ 图 161　末代皇后婉容（前排坐者）影像

171

（2）适合式。单独纹样如按照一定的外形，进行图案的安排，则为适合纹样。清代的件料就是适合纹样的典型代表，它是在既定的服装款式内，安排适合服装形制裁片的图案布局，如用于清代皇室朝服的织成料（图 162）、刺绣袍料（图 163）、官服补子等。用作朝服的织成料下机后，只要按照织成料的图案排布进行裁剪和缝制即可制成朝服。

▲ 图 162　缂丝蓝地百寿蟒袍料
清代顺治时期

▲ 图 163　玄色地团花蝴蝶纹袍料
清代

还有各种绣品如钱袋、披肩、云肩、扇套、口围、帽饰、眉勒、香袋、钱袋、镜套等，所用纹样（图 164、图 165、图 166、图 167、图 168、图 169）大多都是"设计跟着外形走"的适合纹样。如清缎地彩绣云肩（图 167），在以黑色缎料制成的花瓣、如意形构件的上彩绣花卉纹。如五彩贴绣花卉纹四瓣花形口围（图 169），用五彩暗花绸贴绣而成，辅以平针绣、打籽绣，口围整体造型为四瓣花型，其上折枝牡丹纹样造型设计完美适合于其花瓣状外框。

▲ 图 164　缂丝福寿纹钱袋
清代

▲ 图 165　红缎三蓝绣花蝶钱袋
清代

▶图 166 绣花披肩
清代

▶图 167 缎地彩绣云肩
清代

▲ 图 169　五彩贴绣花卉纹四瓣花形口围
清代

▲ 图 168　黄色缎平金绣五毒
葫芦纹扇套
清代同治时期

2. 连续纹样

连续纹样是由一种或多种元素构成的纹样单元，进行反复循环排列所产生的纹样。其中，纹样单元向上下或左右两个方向进行反复连续循环的为二方连续，纹样单元向上下左右四个方向进行反复连续循环的为四方连续。

（1）二方连续。二方连续的丝绸纹样主要用于服装领缘、衣缘等处镶边，还用于室内纺织品如帷幔、桌帷、椅披等各类边饰。清代的"花边""绦子"就是指这类二方连续纹样的织物。清代中晚期注重便服的衣边装饰，通常会装饰有宽窄不同的几道镶滚。如孔府传世清代同治时期红地牡丹花纹闪缎镶边皮袄（图170），其领部至门襟、衣袖均有多道镶边，包括一条蝴蝶纹、一条折枝花果纹等。从清宫藏品看，绦类织绣品从乾隆朝开始激增，道光、光绪年间均有大量绦传世。这些绦（图171、图172）主题以花卉蜂蝶题材为主，也有杂宝瓜果、人物风景等纹，用于各类镶边。咸丰、同治年间到光绪中期衣物镶边之风更甚，几乎成为晚清服装的时代标志。衣边通常与衣身相呼应，或用同类型纹样元素，或用对比性纹样元素，有的还饰以几何纹。这种镶边的流行也大大影响了晚清服装款式的变化，《清稗类钞·服饰类》记载："咸、同间，京师妇女衣服之滚条道数甚多，号曰十八镶。"这些花边，当时称"栏杆衣边"，人们形容当时的女装是"鬼子栏杆（即花边）遍体沿"（图173）。

▲▲ 图 170　红地牡丹花纹闪缎镶边皮袄及镶边（局部）
清代同治时期

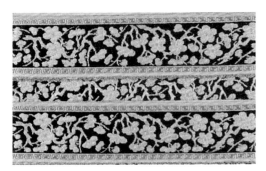

▲ 图 171　石青色缎地织金浅彩梅花纹绦（局部）
清代道光时期

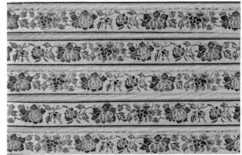

▲ 图 172　米色缎地织金三蓝牡丹纹绦
清代光绪时期

▲ 图 173　蛋青纱多重镶滚女衫
清代

（2）四方连续。四方连续的丝绸纹样是丝织品面料上应用最为广泛的图案组织形式。清代的四方连续丝织纹样根据排列方式，主要有以下几种骨架形式。

1）几何式排列四方连续。清代丝织品中的几何式排列，主要为利用几何纹样构成几何形骨架的组织形式，在骨架内填饰纹样，形成几何纹加花的样式。具体见前文纹样题材部分所述满地而铺的各类几何纹，如龟背纹、菱格纹、方格纹、连环纹、曲水纹、蛇皮纹及八达晕纹等纹样，以宋式锦等几何纹锦为典型。

2）散点式排列四方连续。散点式排列是指主题纹样之间留有一定空隙，并按一定规律进行四方连续的排列①。就清代丝绸纹样来说，主要有团纹散点、折枝散点和其他散点式排列。团纹散点，通常以团纹作为单位纹样作规则散点排列。在清初的服装及室内纺织品上都有广泛使用，《十二美人图》之一（图 174）中美人穿着的披风纹样及《胤祥肖像画》（图 175）中的椅披纹样均为较大的团窠。团窠的内部结构有对称式、喜相逢式和均衡式等形式。杏黄地团荷花双喜字纹暗花江绸纹样（见图 144）为基本对称的荷花团窠，清地规则排列。明黄地团龙绸（图 176）的团龙纹为双龙戏珠，团窠内两条龙呈喜相逢式排列，一条降龙，一条升龙，回首相望，戏耍火珠。清代乾隆时期团龙八宝纹织金锦（图 177），以一条龙蜿蜒盘踞形成均衡式的中型团窠，窠外满布八宝纹，可见火珠、珊瑚、铜钱、犀角、银锭、方胜、如意、书宝。折枝散点，是以折枝作为装饰主题的散点排列形式，

---

① 赵丰. 唐代丝绸与丝绸之路. 西安：三秦出版社，1992：157.

折枝造型千变万化，无既定外轮廓，故看起来较团纹散点更为活泼（图178）。还有其他各类形态元素以散点形式组织，有的采用规则散点、有的采用自由散点，如皮球花（图179）、百蝶纹（图180）、朵云纹等。

▲ 图174　《十二美人图》之一
清代康熙时期

▲ 图175　《胤祥肖像画》
清代

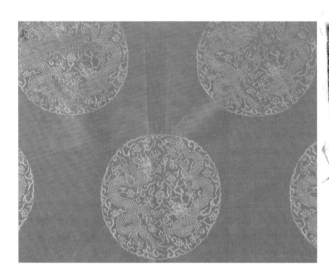

▲图 176　明黄地团龙绸（局部）
清代

▲图 178　粉色地牡丹纹直径纱匹料（局部）
清代光绪时期

▲图 177　团龙八宝纹织金锦
清代乾隆时期

◀图 179　白绸印皮球花袖头
清代

▼图 180　藕色蝴蝶纹直径纱纹样复原
清代

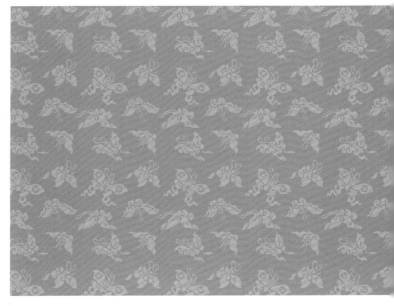

3）连缀式排列四方连续。连缀式排列是指图案单元通过使用各种弯曲、缠绕的枝条或波状形态形成绵延连续之景的排列方式。清代丝绸纹样中连缀式排列的主要形式是缠枝花式。缠枝花式是在以交切圆或咬圆形成的主干上分枝发叶，枝茎在主花周围圈绕生长的结构形式。[①] 在清代贵重的妆花、漳缎及各类暗花丝织物上，缠枝式排列的构图为大宗，莲花、牡丹、宝相花、菊花以及上述任意两种花卉组合的题材最为常见（图181、图182）。波状连缀式是利用主题纹样的局部进行巧妙相连，形成横向、纵向或斜向的波状动势，如沿用明代风格的连云纹（图183）。

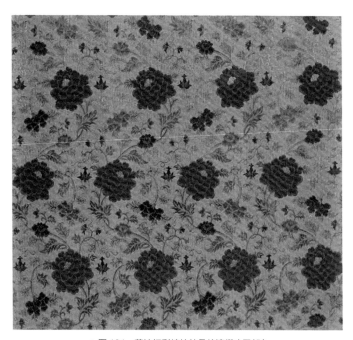

▲图181　蓝地织彩缠枝牡丹纹漳缎（局部）
清代

---

① 陈娟娟.明清宋锦.故宫博物院院刊，1984（4）：15-25.

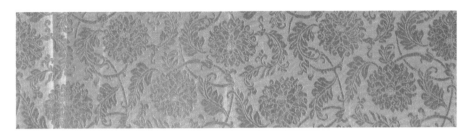

▲图 182　缠枝莲纹织银缎
清代

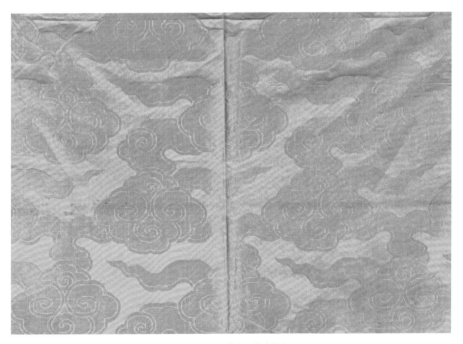

▲图 183　明黄连云纹暗花缎
清代

　　清代国祚近 300 年，是中国历史上最后一个封建朝代。清代多位统治者对工艺美术极其重视，清代的丝绸技艺有着几千年的积累和丰富的实践经验总结，民间的丝织、印染、刺绣技艺也得到了繁荣发展，这都使得清代的丝绸技艺水平达到了前所未有的高度。较之前代，清代丝绸在品种、技术、工艺上，有更为广泛、更为全面的发展，是宫廷工艺和民间工艺两大体系的全面发展期。

　　清代丝绸艺术的发展与彼时的社会经济、宗教礼制、技术发展和人文环境是分不开的，其丝绸艺术风格在清代前期、中期和后期有着典型的时代特色。清代蚕桑丝织绣技术的发展与各种工艺的精进，使得带着"镣铐"跳舞的丝绸艺术有了更多样的呈现。清代追求技术、崇尚技术，带来工艺的无限可能性，但又因对技术的极致追求，造成工艺的繁缛和部分艺术性的丧失。清代服饰品形制、室内装饰品的多样化造型，带给丝绸艺术更多的构图设计要求。如件料所用的适合纹样、滚镶所用的二方连续及大量提花纺织品所用的四方连续纹样，其布局设计多因服装和室内用品的形制要求而定。清代多民族的融合、宗教的世俗化以及全社会对吉祥美好生活的向往，使丝绸艺术的纹样题材具有前所未有的丰富性及高度的主题同一性。清代丝绸纹样，除龙蟒、补子、十二章纹等礼制规定的宫廷贵族专用的纹样外，几何纹样、植物纹样、动物纹样、杂宝器物纹样、自然物象纹样、文字纹样、人物情景纹样等广泛应用在从宫廷到民间的各种丝绸制品上。

　　清代丝绸技艺精湛、风格华丽、精巧异常，彰显出具有时代特征的中国古典工艺美术特色。十八世纪，世界格局正发生着巨大的变化，而作为世界大国的清代中国却未能跟上第一次科技革命的脚步，丧失了成为世界强国的发展契机，第一次科技革命后世界形成了西方先进、东方落后的局面。清代统治者在原有的科学与技术体系上故步自封，并未重视新浪潮下对工业技术的积极探索，也为近代中国的苦难埋下了内因。"明镜所以照形，古事所以知今"，时代在发展，当代科技工作者应该以史为鉴，主动谋划，积极面对新的挑战和需求。另一方面，如何利用新科技、新工艺，为传统丝绸艺术插上时代的翅膀，传承和发展优秀传统艺术，也是当代艺术工作者的责任。

John E. Voller. Clothed to Rule the Universe: Ming and Qing Dynasty Textiles at The Art Institute of Chicago. *Art Institute of Chicago Museum Studies,* 2000, 26（2）: 12–51, 99–105.

Marion T. Textiles of the Ch'ing Dynasty. *Bulletin of the Pennsylvania Museum*, 1929, 24（125）: 19–29, 31.

包铭新 . 纱类丝织物的起源和发展 . 丝绸，1987（11）：42–44.

包铭新 . 我国明清时期的起绒丝织物 . 丝绸史研究，1984（4）：21–29.

曹雪芹 . 脂砚斋重评石头记 . 北京：人民文学出版社，1975.

陈娟娟 . 明清宋锦 . 故宫博物院院刊，1984（4）：15–25.

陈娟娟 . 锦绣梅花 . 故宫博物院院刊，1982（3）：92–94.

陈娟娟 . 明代的改机 . 故宫博物院院刊，1960（0）：187–189.

陈作霖 . 凤麓小志 . 朱明，点校 . 南京：南京出版社，2008.

鄂尔泰，张廷玉，等 . 国朝宫史 . 北京：北京古籍出版社，1987.

范金民，金文 . 江南丝绸史研究 . 北京：农业出版社，1993.

高汉玉 . 中国历代织染绣图录 . 上海：上海科学技术出版社，1986.

韩婧，陈超 . 北京市石景山区一清代墓葬出土纺织品染料与染色方法综合研究 . 文物保护与考古科学，2019, 31（5）：33–48.

韩英.馆藏丝织品的初步整理.首都博物馆丛刊，2002（1）：174–180.

黄能馥，陈娟娟.中国丝绸科技艺术七千年.北京：中国纺织出版社，2002.

济宁市文物局.济宁文物珍品.北京：文物出版社，2010.

昆冈，等.钦定大清会典事例.清会典馆，清光绪二十五年（1899年）石印本.

李英华.丰富多采的清代锦缎.故宫博物院院刊，1987（3）：80–87.

辽宁大学历史系.重译《满文老档》·太祖朝第二分册.沈阳：辽宁大学历史系，1979.

陆游.老学庵笔记.北京：中华书局，1979.

乔迅（Jonatnan Hay）.魅惑的表面——明清的玩好之物.北京：中央编译出版社，2017.

任大椿.释缯.广东学海堂，清道光九年（1829年）.

沈从文.介绍几片清初花锦.装饰，1954（4）：11,16.

苏淼，王淑娟，鲁佳亮，等.明清暗花丝织物的类型及纹样题材.丝绸，2017（6）：81–90.

苏淼，赵丰.瑞典馆藏俄国军旗所用中国丝绸的技术与艺术特征研究.艺术设计研究，2018（3）：30–35.

苏淼.彼得大帝军旗所用中国丝织品研究.上海：东华大学，2019.

苏淼.中国古代丝绸设计素材图系·暗花卷.杭州：浙江大学出版社，2018.

苏天钧.北京西郊小西天清代墓葬发掘简报.文物，1963（1）：39–42,50–58.

田自秉，吴淑生，田青.中国纹样史.北京：高等教育出版社，2003.

汪芳.中国古代丝绸设计素材图系·锦绣卷.杭州：浙江大学出版社，2018.

王业宏.清代龙袍研究.北京：中国社会科学出版社，2016.

卫杰.蚕桑萃编.浙江书局，清光绪二十六年（1900年）刻本.

徐仲杰.南京云锦史.南京：江苏科学技术出版社，1985.

扬之水.中国国家博物馆藏清代首饰服装知见录.中国国家博物馆馆刊，2018（10）：126–146.

允禄，等 . 皇朝礼器图式 . 牧东，点校 . 扬州：广陵书社，2004.

赵尔巽，等 . 清史稿 . 北京：中华书局，1976.

赵丰，苗荟萃 . 中国古代丝绸设计素材图系·绒毯卷 . 杭州：浙江大学出版社，2018.

赵丰，屈志仁 . 中国丝绸艺术 . 北京：中国外文出版社，2012.

赵丰 . 唐代丝绸与丝绸之路 . 西安：三秦出版社，1992.

赵丰 . 织绣珍品——图说中国丝绸艺术史 . 香港：艺纱堂 / 服饰工作队，1999.

赵丰 . 中国丝绸通史 . 苏州：苏州大学出版社，2005.

中国织绣服饰全集编辑委员会 . 中国织绣服饰全集 1 织染卷 . 天津：天津人民美术出版社，2004.

周德华 . E. 罗契的江南丝绸之行 . 丝绸，1986（8）：49–50.

朱启钤 . 丝绣笔记二卷 . 阚铎，校 . 民国铅印本 .

宗凤英 . 明清织绣 . 上海：上海科学技术出版社，2005.

宗凤英 . 中国织绣收藏鉴赏全集 . 长沙：湖南美术出版社，2012.

图序	图片名称	收藏地	来源
1	皇帝冬朝服		《皇朝礼器图式》
2	乐部乐生袍		《皇朝礼器图式》
3	皇帝大驾卤簿天马旗		《皇朝礼器图式》
4	黄色蝴蝶牡丹花缎棺垫	中国丝绸博物馆	中国丝绸博物馆
5	红地五彩妆花寸蟒缎	中国丝绸博物馆	中国丝绸博物馆
6	绿色地串枝牡丹芙蓉纹金宝地锦	故宫博物院	故 00017488，故宫博物院数字文物库 https://digicol. dpm.org.cn/
7	宝兰团龙直径纱匹料	浙江省博物馆	浙江省博物馆官网 http:// www.zhejiangmuseum. com/
8	雪青色菊蝶纹罗（局部）	故宫博物院	故 00012872，故宫博物院数字文物库 https://digicol. dpm.org.cn/
9	缠枝花卉纹绮袍	中国丝绸博物馆	中国丝绸博物馆
10	棕色地织彩几何纹阿尔泌壁衍绸（局部）	故宫博物院	《中国织绣收藏鉴赏全集上卷》
11	定绒加重真清水头号漳绒	中国丝绸博物馆	中国丝绸博物馆

续表

图序	图片名称	收藏地	来源
12	黄地缠枝牡丹纹彩漳缎	圆明园 / 美国波士顿美术馆	美国波士顿美术博物馆官网 https://www.mfa.org/
13	云地宝相花纹重锦（局部）	故宫博物院	《中国丝绸科技艺术七千年》
14	黑白卍字纹双层锦	中国丝绸博物馆	中国丝绸博物馆
15	黄色缂丝云龙纹袍料	故宫博物院	《中国织绣收藏鉴赏全集下卷》
16	缂丝蓝地云蝠牡丹八宝九龙夹袍	中国丝绸博物馆	中国丝绸博物馆
17	缂丝《阿弥陀佛极乐世界图轴》	故宫博物院	故 00072731，故宫博物院数字文物库 https://digicol.dpm.org.cn/
18	盘金绣孔雀方补	中国丝绸博物馆	中国丝绸博物馆
19	刺绣女上衣	美国费城艺术博物馆	美国费城艺术博物馆官网 https://www.philamuseum.org/
20	明黄色团龙纹实地纱盘金绣龙袍	中国丝绸博物馆	中国丝绸博物馆
21	文官一至九品补子	散见于各地收藏	《中国丝绸通史》
22	俄国军旗用缠枝宝相花纹暗花缎（局部）	瑞典军事博物馆	本书作者拍摄
23	早期六品文官鹭鸶纹缂丝补	私人收藏	《中国丝绸科技艺术七千年》
24	六品文官鹭鸶纹彩绣方补	中国丝绸博物馆	中国丝绸博物馆官网 www.chinasilkmuseum.com
25	香色地龟背如意花纹锦（局部）	故宫博物院	故 00018225，故宫博物院数字文物库 https://digicol.dpm.org.cn/

图序	图片名称	收藏地	来源
26	玫瑰紫色地金银拜丹姆纹回回锦（局部）	故宫博物院	《中国织绣收藏鉴赏全集上卷》
27	灰色地串枝花卉叶子纹回回锦	故宫博物院	《中国织绣收藏鉴赏全集上卷》
28	缠枝花纹织金缎	美国费城艺术博物馆	美国费城艺术博物馆官网 https://www.philamuseum.org/
29	彩色玫瑰花纹金宝地锦（局部）	故宫博物院	故 00017831，故宫博物院数字文物库 https://digicol.dpm.org.cn/
30	粉地大洋花纹缎（局部）	美国费城艺术博物馆	美国费城艺术博物馆官网 https://www.philamuseum.org/
31	大红风景纹织锦裙	中国丝绸博物馆	中国丝绸博物馆
32	白色皮球花纹暗花绸印人物场景纹袖头	中国丝绸博物馆	中国丝绸博物馆
33	湖色缎绣浅彩整枝竹纹袍料	故宫博物院	故 00029840，故宫博物院数字文物库 https://digicol.dpm.org.cn/
34	宝蓝地金银线绣整枝莲花大镶边女衬衣	中国国家博物馆	《中国丝绸通史》
35	黄缎地彩绣双头鹰花鸟纹床罩	中国丝绸博物馆	中国丝绸博物馆
36	白缎地彩绣人物纹伞	中国丝绸博物馆	中国丝绸博物馆
37	清人画皇太极、顺治、康熙朝服像轴及局部放大	故宫博物院	《中国织绣服饰全集 4 历代服饰卷下》

续表

图序	图片名称	收藏地	来源
38	金地龟背团龙纹织金锦（局部）	故宫博物院	故 00017945，故宫博物院数字文物库 https://digicol.dpm.org.cn/
39	青色龟背梅兰竹菊纹织金缎（局部）	故宫博物院	故 00017048，故宫博物院数字文物库 https://digicol.dpm.org.cn/
40	六角联珠纹锦缎（局部）	承德行宫藏	《中国历代织染绣图录》
41	香色地双龙球路纹双层锦（局部）	故宫博物院	故 00025486，故宫博物院数字文物库 https://digicol.dpm.org.cn/
42	《秋江壹兴图》包首用双矩地团龙球路纹锦（局部）	美国大都会艺术博物馆	美国大都会艺术博物馆官网 https://www.metmuseum.org/
43	缠枝莲纹织金缎（局部）	故宫博物院	《中国丝绸科技艺术七千年》
44	绿色地喜相逢纹织金锦（局部）	故宫博物院	新 00124170，故宫博物院数字文物库 https://digicol.dpm.org.cn/
45	黄地五彩霞锦及其纹样复原	中国丝绸博物馆	中国丝绸博物馆
46	《鹿角双幅》包首用蓝色地大天华锦及其纹样复原	美国大都会艺术博物馆	美国大都会艺术博物馆官网 https://www.metmuseum.org/
47	蓝色地三多龟背纹锦（局部）	故宫博物院	《中国织绣收藏鉴赏全集上卷》
48	青色地天华织金锦（局部）	故宫博物院	故 00017443，故宫博物院数字文物库 https://digicol.dpm.org.cn/
49	云龙纹妆花缎龙纹（局部）	北京艺术博物馆	《中国丝绸通史》

图序	图片名称	收藏地	来源
50	明黄色彩云金龙纹妆花纱男夹龙袍（局部）	故宫博物院	故 00041911，故宫博物院数字文物库 https://digicol.dpm.org.cn/
51	绛色金云龙纹漳绒龙袍料（局部）	故宫博物院	故 00023290，故宫博物院数字文物库 https://digicol.dpm.org.cn/
52	明黄色纳纱彩云蝠金龙纹男单龙袍（局部）	故宫博物院	《中国织绣服饰全集 4 历代服饰卷下》
53	茶色二则拱璧纹暗花缎（局部）	故宫博物院	故 00015925，故宫博物院数字文物库 https://digicol.dpm.org.cn/
54	雕花绒短褂及其拐子龙纹样复原	上海纺织服饰博物馆	《中国古代丝绸设计素材图系·绒毯卷》
55	子孙龙纹彩纬绒炕垫纹样复原	故宫博物院	《中国古代丝绸设计素材图系·绒毯卷》
56	双龙戏珠纹金纬绒炕垫纹样复原	加拿大皇家安大略博物馆	《中国古代丝绸设计素材图系·绒毯卷》
57	绯色云纹妆花缎蟒袍	中国丝绸博物馆	中国丝绸博物馆
58	云蟒纹金纬绒桌帷	美国波士顿美术博物馆	美国波士顿美术博物馆官网 https://www.mfa.org/
59	龙凤呈祥雕花绒毯	加拿大皇家安大略博物馆	《中国古代丝绸设计素材图系·绒毯卷》
60	《人物故事图》副隔水用莲花如意团凤纹绫（局部）	美国大都会艺术博物馆	美国大都会艺术博物馆官网 https://www.metmuseum.org/
61	黑缎地彩绣凤鸟花卉纹边饰	中国丝绸博物馆	中国丝绸博物馆

续表

图序	图片名称	收藏地	来源
62	亲王团补	故宫博物院	《中国织绣服饰全集 4 历代服饰卷下》
63	醇亲王奕譞朝服像	故宫博物院	《中国织绣服饰全集 4 历代服饰卷下》
64	武官一至六品补	德国私人收藏	《中国丝绸通史》
65	明黄缂丝金龙十二章纹龙袍	北京艺术博物馆	《中国织绣服饰全集 4 历代服饰卷下》
66	皇帝吉服袍料上的十二章纹	奥地利国家博物馆	《中国丝绸艺术》
67	明黄色宝相花纹织金缎（局部）	故宫博物院	《中国织绣收藏鉴赏全集上卷》
68	俄国步兵旗用缠枝宝相花纹缎及其纹样复原	瑞典军事博物馆	本书作者拍摄
69	明黄色纳纱莲花纹单衬衣	故宫博物院	《中国织绣服饰全集 4 历代服饰卷下》
70	杏黄色蝶莲牡丹纹线绸（局部）	故宫博物院	故 00014182，故宫博物院数字文物库 https://digicol.dpm.org.cn/
71	元青色缎地淡彩缠枝莲花纹绦	故宫博物院	故 00040339，故宫博物院数字文物库 https://digicol.dpm.org.cn/
72	红地折枝牡丹纹闪缎（局部）	故宫博物院	《中国织绣收藏鉴赏全集上卷》
73	满地五彩锦	中国丝绸博物馆	中国丝绸博物馆
74	牡丹纹女短袍	美国费城艺术博物馆	美国费城艺术博物馆官网 https://www.philamuseum.org/

图序	图片名称	收藏地	来源
75	漳绒牡丹纹女短上衣	美国费城艺术博物馆	美国费城艺术博物馆官网 https://www.philamuseum.org/
76	牡丹纹雕花绒短褂	中国丝绸博物馆	中国丝绸博物馆
77	缠枝菊花纹绒缎毯料及其纹样复原	加拿大皇家安大略博物馆	《中国古代丝绸设计素材图系·绒毯卷》
78	起绒衣料	英国维多利亚与艾尔伯特博物馆	英国维多利亚与艾尔伯特博物馆官网 https://www.vam.ac.uk/
79	缂丝兰花纹半正式女士马甲	美国费城艺术博物馆	美国费城艺术博物馆官网 https://www.philamuseum.org/
80	宝蓝地兰蝶纹妆花缎马褂料（局部）	故宫博物院	《中国织绣收藏鉴赏全集上卷》
81	黑色地冰梅纹锦（局部）	故宫博物院	《中国织绣收藏鉴赏全集上卷》
82	金地冰梅纹绦（局部）	故宫博物院	故 00037203，故宫博物院数字文物库 https://digicol.dpm.org.cn/
83	杏黄色葫芦花纹紫微缎灰鼠皮吉服袍	故宫博物院	故 00049520，故宫博物院数字文物库 https://digicol.dpm.org.cn/
84	葡灰色葫芦花八宝云纹线绸（局部）	故宫博物院	故 00014348，故宫博物院数字文物库 https://digicol.dpm.org.cn/
85	香色大葫芦花纹绉绸（局部）	故宫博物院	故 00015304，故宫博物院数字文物库 https://digicol.dpm.org.cn/

续表

图序	图片名称	收藏地	来源
86	雪灰色缎绣藤萝蝴蝶纹袷衬衣	故宫博物院	《中国织绣服饰全集 4 历代服饰卷下》
87	慈禧用藕荷色缎平金绣藤萝团寿纹袷衬衣	故宫博物院	《中国织绣服饰全集 4 历代服饰卷下》
88	清西太后慈禧旧照	故宫博物院	《中国织绣服饰全集 4 历代服饰卷下》
89	浅驼色大洋花纹妆花缎	故宫博物院	故 00017744, 故宫博物院数字文物库 https://digicol.dpm.org.cn/
90	月白色洋花纹妆花缎	故宫博物院	故 00017763, 故宫博物院数字文物库 https://digicol.dpm.org.cn/
91	驼色地大洋花纹金宝地锦	故宫博物院	故 00017782, 故宫博物院数字文物库 https://digicol.dpm.org.cn/
92	鹅黄地大洋花纹缎匹料及其纹样复原	中国丝绸博物馆	《中国古代丝绸设计素材图系·暗花卷》
93	藏青色绒缎长褂纹样复原	苏州丝绸博物馆	《中国古代丝绸设计素材图系·绒毯卷》
94	明黄地佛手勾莲纹暗花纱纹样复原	故宫博物院	《中国古代丝绸设计素材图系·暗花卷》
95	如意三多纹雕花绒褂料（局部）及其纹样复原	比利时皇家美术馆	《中国古代丝绸设计素材图系·绒毯卷》
96	雕花绒马甲纹样复原	故宫博物院	《中国古代丝绸设计素材图系·绒毯卷》
97	葡萄松鼠纹暗花纱门帘（局部）	故宫博物院	《明清织绣》

图序	图片名称	收藏地	来源
98	葡萄松鼠纹妆花绸（局部）	故宫博物院	《中国丝绸科技艺术七千年》
99	彼得大帝长袍及面料（局部）	俄罗斯艾尔米塔什博物馆	*ZHAO Feng SU Miao. Chinese Silk on Russia Flags in Swedish Collection*
100	宝蓝色五湖四海团寿纹妆花缎（局部）	故宫博物院	《中国织绣收藏鉴赏全集 上卷》
101	绿色五湖四海纹回回织金缎（局部）	故宫博物院	故 00017991，故宫博物院数字文物库 https://digicol.dpm.org.cn/
102	木红色绒缎马面裙	加拿大皇家安大略博物馆	《中国古代丝绸设计素材图系·绒毯卷》
103	《江国垂纶图》包首用四合蔓草纹锦（局部）	美国大都会艺术博物馆	美国大都会艺术博物馆官网 https://www.metmuseum.org/
104	绛色蔓草牡丹纹暗花缎匹料纹样复原	故宫博物院	《中国古代丝绸设计素材图系·暗花卷》
105	紫色灵芝竹叶纹暗花绸匹料及其纹样复原	中国丝绸博物馆	《中国古代丝绸设计素材图系·暗花卷》
106	绿色雕花绒短褂	加拿大皇家安大略博物馆	《中国古代丝绸设计素材图系·绒毯卷》
107	牡丹桂花纹雕花绒衣料及其纹样复原	中国丝绸博物馆	《中国古代丝绸设计素材图系·绒毯卷》
108	富贵五友纹彩纬绒毯	美国波士顿美术博物馆	美国波士顿美术博物馆官网 https://www.mfa.org/
109	绿缎绣五彩花卉纹便服袍料（局部）	故宫博物院	《中国古代丝绸设计素材图系·锦绣卷》

续表

图序	图片名称	收藏地	来源
110	团鹤纹雕花绒马甲	美国大都会艺术博物馆	美国大都会艺术博物馆官网 https://www.metmuseum.org/
111	鹤鹿同春纹雕花绒马甲	加拿大皇家安大略博物馆	《中国古代丝绸设计素材图系·绒毯卷》
112	漳绒芭蕉鹤纹男上衣及其纹样复原	美国费城艺术博物馆	《中国古代丝绸设计素材图系·锦绣卷》
113	湖色地琐纹赤兔匣锦（局部）及纹样复原	美国大都会艺术博物馆	《中国古代丝绸设计素材图系·锦绣卷》
114	墨绿色吉庆双鱼纹织金妆花缎（局部）	中国丝绸博物馆	《中国古代丝绸设计素材图系·锦绣卷》
115	深蓝色地杂宝纹织金锦（局部）	中国丝绸博物馆	《中国古代丝绸设计素材图系·锦绣卷》
116	漳绒蝴蝶纹女上衣	美国费城艺术博物馆	美国费城艺术博物馆官网 https://www.philamuseum.org/
117	绛色缎绣牡丹蝴蝶纹裕氅衣	故宫博物院	《中国织绣服饰全集4 历代服饰卷下》
118	清西太后慈禧旧照	故宫博物院	《中国织绣服饰全集4 历代服饰卷下》
119	云蝠纹漳绒料纹样复原	中国丝绸博物馆	《中国古代丝绸设计素材图系·绒毯卷》
120	福寿万年纹红绿彩纬绒缎纹样复原	故宫博物院	《中国古代丝绸设计素材图系·绒毯卷》
121	云纹暗花缎	中国丝绸博物馆	中国丝绸博物馆
122	石青色雕花绒地刺绣龙袍料纹样复原	北京艺术博物馆	纹样自行绘制

图序	图片名称	收藏地	来源
123	缂丝鹭鸶纹补	中国丝绸博物馆	中国丝绸博物馆
124	蓝缎地盘金彩绣云蝠寿字纹零料	中国丝绸博物馆	中国丝绸博物馆
125	纳锦绣白鹇纹圆补	中国丝绸博物馆	中国丝绸博物馆
126	刺绣团花袍料	中国丝绸博物馆	中国丝绸博物馆
127	方格花卉杂宝纹闪缎	中国丝绸博物馆	中国丝绸博物馆
128	琐地瓣窠八吉祥纹锦	中国丝绸博物馆	中国丝绸博物馆
129	红色八仙庆寿纹暗花漳绒匹料（局部）	故宫博物院	《中国织绣收藏鉴赏全集下卷》
130	雪青暗八仙纹绸马甲	中国丝绸博物馆	中国丝绸博物馆
131	深绿地漳绒盘长纹男衫	美国费城艺术博物馆	美国费城艺术博物馆官网 https://www.philamuseum.org/
132	博古纹织锦袖头	中国丝绸博物馆	中国丝绸博物馆
133	博古纹绒毯	美国大都会艺术博物馆	美国大都会艺术博物馆官网 https://www.metmuseum.org/
134	博古纹挂帘	美国大都会艺术博物馆	美国大都会艺术博物馆官网 https://www.metmuseum.org/
135	蓝底灯笼锦纹样复原	故宫博物院	《中国古代丝绸设计素材图系·锦绣卷》
136	灯笼锦	中国丝绸博物馆	《中国古代丝绸设计素材图系·锦绣卷》
137	湖色地织青折枝花乐器纹漳缎（局部）	故宫博物院	《中国织绣收藏鉴赏全集下卷》

续表

图序	图片名称	收藏地	来源
138	明黄色团龙满文字纹织金缎（局部）	故宫博物院	《中国织绣服饰全集 1 织染卷》
139	红色地八宝长圆寿字纹织金锦（局部）	故宫博物院	《中国织绣服饰全集 1 织染卷》
140	明黄色团龙寿字纹织金缎	故宫博物院	故 00016229，故宫博物院数字文物库 https://digicol.dpm.org.cn/
141	绿地万寿蝠纹妆花缎残片	中国丝绸博物馆	中国丝绸博物馆
142	五福捧寿纹雕花绒料残片	中国丝绸博物馆	《中国古代丝绸设计素材图系·绒毯卷》
143	石青色绸绣百团龙凤双喜字纹龙褂	故宫博物院	《中国织绣服饰全集 4 历代服饰卷下》
144	杏黄地团荷花双喜字纹暗花江绸纹样复原	故宫博物院	《中国古代丝绸设计素材图系·暗花卷》
145	缂丝《群仙祝寿》	苏州博物馆	《中国丝绸通史》
146	缂丝《瑶台百子祝寿》	南京博物院	《中国丝绸艺术》
147	黄色寿星跨鹤纹雕花绒挂毯	加拿大皇家安大略博物馆	《中国古代丝绸设计素材图系·绒毯卷》
148	百子图蜀锦被面匹料（局部）	故宫博物院	《中国丝绸艺术》
149	大红万蝠绸圈金彩绣大窠婴戏图桌帏	中国丝绸博物馆	中国丝绸博物馆
150	红缎绣五彩百子娱乐垫料	故宫博物院	《中国织绣收藏鉴赏全集下卷》
151	雕花绒料残片（局部）	加拿大皇家安大略博物馆	《中国古代丝绸设计素材图系·绒毯卷》
152	渔樵耕读纹雕花绒短褂	加拿大皇家安大略博物馆	《中国古代丝绸设计素材图系·绒毯卷》

图序	图片名称	收藏地	来源
153	人物风景纹织锦裙面	中国丝绸博物馆	中国丝绸博物馆
154	风景纹织锦裙面	中国丝绸博物馆	中国丝绸博物馆官网 www.chinasilkmuseum.com
155	缎地彩绣戏曲人物故事纹团褂	中国丝绸博物馆	中国丝绸博物馆
156	桃红纳纱绣二十四孝故事夹坎肩	中国国家博物馆	《中国国家博物馆藏清代首饰服装知见录》
157	白缎地彩绣人物伞（局部）	中国丝绸博物馆	《中国古代丝绸设计素材图系·锦绣卷》
158	大红绣花旗服	中国丝绸博物馆	中国丝绸博物馆
159	红缎地彩绣肚兜	中国丝绸博物馆	中国丝绸博物馆
160	末代皇后婉容影像	故宫博物院	《中国织绣服饰全集 4 历代服饰卷下》
161	末代皇后婉容影像		来自网络
162	缂丝蓝地百寿蟒袍料	故宫博物院	《中国织绣收藏鉴赏全集下卷》
163	玄色地团花蝴蝶纹袍料	中国丝绸博物馆	中国丝绸博物馆
164	缂丝福寿纹钱袋	美国波士顿美术博物馆	美国波士顿美术博物馆官网 https://www.mfa.org/
165	红缎三蓝绣花蝶钱袋	中国丝绸博物馆	中国丝绸博物馆
166	绣花披肩	浙江省博物馆	浙江省博物馆官网 http://www.zhejiangmuseum.com/
167	缎地彩绣云肩	私人收藏	《中国织绣服饰全集 4 历代服饰卷下》
168	黄色缎平金绣五毒葫芦纹扇套	故宫博物院	故 00069260-6/9，故宫博物院数字文物库 https://digicol.dpm.org.cn/

续表

图序	图片名称	收藏地	来源
169	五彩贴绣花卉纹四瓣花形口围	中国丝绸博物馆	中国丝绸博物馆
170	红地牡丹花纹闪缎镶边皮袄及镶边（局部）	曲阜市文物局孔府文物档案馆	《济宁文物珍品》
171	石青色缎地织金浅彩梅花纹绦（局部）	北京故宫博物馆	故 00037165-2/20，故宫博物院数字文物库 https://digicol.dpm.org.cn/
172	米色缎地织金三蓝牡丹纹绦（局部）	故宫博物院	故 00036649-110，故宫博物院数字文物库 https://digicol.dpm.org.cn/
173	蛋青纱多重镶滚女衫	中国国家博物馆	《中国国家博物馆藏清代首饰服装知见录》
174	《十二美人图》之一	故宫博物院	《魅惑的表面——明清的玩好之物》
175	《胤祥肖像画》	美国塞克勒博物馆	《魅惑的表面——明清的玩好之物》
176	明黄地团龙绸（局部）	中国丝绸博物馆	中国丝绸博物馆
177	团龙八宝纹织金锦	美国费城艺术博物馆	美国费城艺术博物馆官网 https://www.philamuseum.org/
178	粉色地牡丹纹直径纱匹料（局部）	故宫博物院	《中国织绣收藏鉴赏全集上卷》
179	白绸印皮球花袖头	中国丝绸博物馆	中国丝绸博物馆
180	藕色蝴蝶纹直径纱纹样复原	中国丝绸博物馆	中国丝绸博物馆

图序	图片名称	收藏地	来源
181	蓝地织彩缠枝牡丹纹漳缎（局部）	故宫博物院	《中国丝绸通史》
182	缠枝莲纹织银缎	中国丝绸博物馆	中国丝绸博物馆
183	明黄连云纹暗花缎	中国丝绸博物馆	中国丝绸博物馆

注：

1. 正文中的文物或其复原图片，图片注释一般包含文物名称，并说明文物所属时期和文物出土地 / 发现地信息。部分图片注释可能含有更为详细的说明文字。
2. "图片来源"表中的"图序"和"图片名称"与正文中的图序和图片名称对应，不包含正文图片注释中的说明文字。
3. "图片来源"表中的"收藏地"为正文中的文物或其复原图片对应的文物收藏地。
4. "图片来源"表中的"来源"指图片的出处，如出自图书或文章，则只写其标题，具体信息见"参考文献"；如出自机构，则写出机构名称。
5. 本作品中文物图片版权归各收藏机构 / 个人所有；复原图根据文物图绘制而成，如无特殊说明，则版权归绘图者所有。

　　"中国历代丝绸艺术丛书"以时代为主线，从汉魏、隋唐、宋代、元代、明代至清代，历数各代丝绸艺术特征，另有宫廷刺绣、民间刺绣和图像三个专题卷，试图为读者展现出一幅较为全面的中国古代丝绸画卷。我的任务是撰写清代卷，甚是忐忑，原因有二，一是前人大家对清代丝绸的研究早已有珠玉在前，二是自己对清代丝绸艺术的研究并不全面，认识也不够深入。我对清代丝绸的接触，最早缘于2012年开始对瑞典收藏的中国丝绸的实物研究，此后我攻读博士学位期间的研究课题和近十年来的研究方向都与明清丝绸文物有着千丝万缕的关系。2018年，我出版过一本《中国古代丝绸设计素材图系·暗花卷》，在书中复原了不少清代暗花丝绸纹样，而这次的清代卷也是缘起于此图系，但关注的内容更广一些。

　　挑花结本巧分经纬，织成绸缎绫罗和绒绉，清代精湛的丝织技艺带来了丰富的丝织品种，"天子万年、四季丰登、一品当朝、富贵根苗、挂印封侯、世代流芳……"各式饱含吉祥寓意的花样通过织绣印染技艺而跃然绸面。古籍中关于清代丝绸的若干记录，如今在传世与出土的清代丝绸实物以及相关图像中多能得到印证。本书借助清代丝绸实物、图像、文献，对清代丝绸的代表性品种与工艺、图案艺术进行了梳理，对清代丝绸艺术的时代特征进行了分析。透过书卷画册中的丝绸图景，细观遗存的丝绸文物，探究清代丝绸艺术的时代风貌，仿佛有一把时光之梭带领我们穿越三百年，织出那个时代华丽精致、纤巧细腻、风情多样的丝绸丰姿。

感谢中国丝绸博物馆赵丰馆长的指导与信任，引领我走上丝绸技艺研究之路，并为此丛书规划立意。感谢我的工作单位浙江理工大学纺织科学与工程学院（国际丝绸学院）及国际丝绸与丝绸之路研究中心为我的研究提供了条件保障。感谢我的家人与爱人，对我多年来学习和工作的无私支持。感谢浙江大学出版社对本项目的精心规划和杰出的编辑工作。

本人对清代丝绸艺术的研究还刚起步，此书仅能算是对近期研究的汇报，因水平有限难免管中窥豹，恳请师友们批评指正。

苏 淼

2021 年 3 月

于西子湖畔

图书在版编目（CIP）数据

中国历代丝绸艺术. 清代 / 赵丰总主编 ；苏淼著. —
杭州：浙江大学出版社，2021.6（2022.6重印）
ISBN 978-7-308-21388-2

Ⅰ. ①中⋯ Ⅱ. ①赵⋯ ②苏⋯ Ⅲ. ①丝绸－文化史－
中国－清代 Ⅳ. ①TS14-092

中国版本图书馆CIP数据核字（2021）第094925号

中国历代丝绸艺术·清代

赵　丰　总主编　　苏　淼　著

丛书策划	张　琛
丛书主持	包灵灵
责任编辑	陆雅娟
责任校对	徐　旸
封面设计	程　晨
出版发行	浙江大学出版社
	（杭州市天目山路148号　　邮政编码　310007）
	（网址：http://www.zjupress.com）
排　　版	杭州林智广告有限公司
印　　刷	浙江影天印业有限公司
开　　本	889mm×1194mm　1/24
印　　张	9.25
字　　数	153千
版 印 次	2021年6月第1版　2022年6月第2次印刷
书　　号	ISBN 978-7-308-21388-2
定　　价	88.00元